Paul Emil Flechsig

Die Lokalisation der geistigen Vorgänge

insbesondere der Sinnesempfindungen des Menschen

Paul Emil Flechsig

Die Lokalisation der geistigen Vorgänge
insbesondere der Sinnesempfindungen des Menschen

ISBN/EAN: 9783743461512

Hergestellt in Europa, USA, Kanada, Australien, Japan

Cover: Foto ©berggeist007 / pixelio.de

Manufactured and distributed by brebook publishing software
(www.brebook.com)

Paul Emil Flechsig

Die Lokalisation der geistigen Vorgänge

DIE

LOCALISATION DER GEISTIGEN VORGÄNGE

INSBESONDERE

DER

SINNESEMPFINDUNGEN DES MENSCHEN.

VORTRAG,
GEHALTEN AUF DER 68. VERSAMMLUNG DEUTSCHER
NATURFORSCHER UND ÄRZTE ZU FRANKFURT A. M.

VON

DR. PAUL FLECHSIG,
O. O. PROFESSOR DER PSYCHIATRIE AN DER UNIVERSITÄT LEIPZIG.

MIT ABBILDUNGEN IM TEXT UND EINER TAFEL.

LEIPZIG,
VERLAG VON VEIT & COMP.
1896.

Druck von Metzger & Wittig in Leipzig.

Vorwort.

Im Aufbau unseres Geistes, in den grossen beharrenden Zügen seiner Gliederung spiegelt sich klar und deutlich die Architektur unseres Gehirns wieder: Dies näher darzulegen ist die vornehmste Bestimmung des vorliegenden Vortrags.

Dass es mir gelingen werde, diesen Fundamentalsatz auch sogleich zu allgemeiner Anerkennung zu bringen, nehme ich indess nicht an. Denn obschon seine Gültigkeit bereits jetzt in zahlreichen Einzelthatsachen evident zu Tage tritt, dergestalt, dass ich kaum ein gleich fruchtbares heuristisches Princip für die Hirn-Seelenforschung zu nennen wüsste, bedarf es zu einer durchgehenden und allgemein überzeugenden Beweisführung zweifellos noch unendlich vieler Arbeit. Am wenigsten überrascht es mich, dass die introspective Psychologie sich ablehnend verhält, ja sich mit Händen und Füssen dagegen sträubt, besagtem Princip Eingang zu gewähren. Denn nicht nur, dass diese Disciplin im Wesentlichen aus der Negirung jener

1*

ganzen Betrachtungsweise die Berechtigung zu einer Sonderexistenz herleitet, so bedarf es vor allem anschaulicher Vorstellungen, um selbständig prüfen zu können, was an dem vorliegenden neurologischen Beweismaterial Anspruch auf allgemeine Beachtung machen darf — und dieses anschauliche Vorstellen wird naturgemäss nur durch eingehendste Beschäftigung mit dem Hirnbau gewonnen, nicht durch introspective Beobachtung. Andererseits ist es auch recht unwahrscheinlich, dass die reine Psychologie zu einer wirklich naturgemässen Anschauung der Gliederung im Geistigen vordringen wird, solange sie der Anatomie des Seelenorgans grundsätzlich den Rücken kehrt.

Aber noch ein zweiter durchaus praktischer Gesichtspunkt hat mich veranlasst vor den vereinigten medicinischen Sectionen der Frankfurter Versammlung die neuesten Errungenschaften der menschlichen Hirn-Anatomie mit Rücksicht auf ihre klinische Verwerthbarkeit zu behandeln — nämlich der thatsächliche

Mangel eines Lehrbuchs, welches den ärztlichen Bedürf-
nissen auch nur annähernd in der Vollkommenheit
gerecht würde, als es der Leistungsfähigkeit der
gegenwärtig verfügbaren Untersuchungsmethoden entspricht.

Ich verkenne hierbei nicht — habe ich doch schon
in Frankfurt a. M. darüber klagen hören — dass das
in der Folge Mitgetheilte ohne zahlreiche Abbildungen
dem allgemeinen Verständniss selbst der Aerzte nicht
leicht zugänglich ist. Ich füge deshalb hier einige
Abbildungen bei, welche wohl besser als die beim
Vortrag von mir verwandten, eine wenigstens theilweise Orientirung auch für Ungeübtere ermöglichen.
Die Tafel giebt Photographien von halbschematischen
Zeichnungen wieder, welche ich in meinen Vorlesungen
verwende. Sie sollen hauptsächlich die hier zum ersten
Mal näher ausgeführte Idee einer strengen Centrali-
sation des Seelenorgans erläutern. Sie können nicht
Linie für Linie Anspruch auf strenge Objectivität

machen, wenn sie auch möglichst sorgfältig der Natur nachgebildet sind.

Auch im Uebrigen enthält dieser Vortrag keineswegs nur Bekanntes; es sind zahlreiche neue Untersuchungsresultate angedeutet, wie eine Vergleichung meiner Schrift „Hirn und Seele", 2. Aufl. ergiebt, auf die ich behufs besseren Verständnisses der nachfolgenden Zeilen verweise.

In den Anmerkungen 23 u. 42 finden sich einige Bemerkungen gegenüber Ansichten der Herren v. Kölliker und v. Monakow, welche ich für irrthümlich und einer Widerlegung für um so bedürftiger halte, als sie leicht zu principiell-falschen Anschauungen über den Hirnplan führen könnten.

Leipzig, im October 1896.

Paul Flechsig.

enn ich es unternehme, ein so umfäng-
liches, ja man darf wohl sagen grenzenloses
Thema, wie die Localisation der geistigen
Vorgänge vor Ihnen zu behandeln, so bin ich mir
nicht im Zweifel, dass in der kurzen Spanne Zeit,
welche zur Verfügung steht, die Fülle des Thatsäch-
lichen nur eklektisch Erwähnung finden kann. Ich werde
deshalb im Wesentlichen nur die Sinnesempfindungen
in Betracht ziehen, muss mich aber auch hier darauf
beschränken Einzelheiten herauszuheben, und bitte von
vornherein um Nachsicht, wenn sich deutliche Lücken
in meinen Ausführungen zeigen werden.

Ich glaube, dass nun die Zeit gekommen ist, wo
die Localisation der Hirnfunctionen nicht mehr ein-
seitig klinisch oder experimentell angefasst werden
darf, wo vielmehr die Hirn-Anatomie¹ beanspruchen
kann, in allen Fragen gehört zu werden, und ich werde
demgemäss anatomische Thatsachen zur Basis meiner
heutigen Betrachtungen machen.

Noch vor kaum zwei Jahrzehnten wäre ein solches
Beginnen nicht gerechtfertigt gewesen. Wenn die damals entstandene „Topische Diagnostik der Hirn-
krankheiten" des Herrn NOTHNAGEL noch heute so
werthvoll ist, wie am Tage ihres Erscheinens, so verdankt sie dies wesentlich dem Umstand, dass der er-
fahrene Kliniker äusserst wenig Rücksicht genommen
hat auf die schwankenden Gestalten, welche die Hirn-
Anatomie und -Physiologie damals dem trüben Blick
des Neurologen zu zeigen vermochten. Das Buch ist fast
nur veraltet da, wo es ausnahmsweise Rücksicht nimmt
auf Anschauungen zeitgenössischer Hirn-Anatomen.

Heute verfügen wir über einen unvergleichlich
grösseren Schatz gesicherter anatomischer Kenntnisse,
welche für die Localisation der Hirnfunctionen ver-
werthbar sind. Hierbei handelt es sich keineswegs[2] ausschliesslich oder vorwiegend um die durch GOLGI's
Silberfärbung errungenen Aufschlüsse über den feinsten
Bau der centralen grauen Massen, sondern um relativ
gröbere Verhältnisse der Hirnstructur, welche Herr
v. KÖLLIKER ganz treffend als „gröbere mikroskopische
Anatomie" der Centralorgane bezeichnet: um den Verlauf
der sensiblen und motorischen Bahnen, der Associationssysteme im Grossbirn u. dergl. m. — Verhältnisse, welche
sich an guten Präparaten zum Theil schon mit blossem
Auge erkennen oder wenigstens überschauen lassen.

Ich werde mich bei meinen Ausführungen ausschliesslich mit dem Menschen beschäftigen. Ich

schätze die Bedeutung der Experimentalphysiologie und
der vergleichenden Anatomie sehr hoch — aber der
Reichthum ihrer Ergebnisse überhebt uns durchaus
nicht der Nothwendigkeit, die Besonderheiten des
menschlichen Gehirns an diesem selbst mittels directer
Untersuchung festzustellen. Es führt keineswegs zu
grösserer Klarheit der Anschauungen, wenn Beobachtungen an Thier und Mensch *promiscue* verarbeitet
werden. Die Vergleichung beider gewährt sichere
Resultate, nicht aber die Vermengung — und dies
gilt ganz vornehmlich für die geistigen Vorgänge, über
welche uns überhaupt nur der sprachbegabte Mensch
unzweideutige Aufschlüsse zu geben vermag.

Man theilt die Empfindungen ihrem Ausgangs-
punkt nach bekanntlich ein in die zwei grossen Gruppen
der „Sinnes- und der Organ-Empfindungen“. Wir
empfinden nicht nur Veränderungen unseres Körpers
durch äussere (exogene) Einflüsse, sondern auch
Modificationen, welche unabhängig von äusseren Reizen
endogen, zum Theil schon durch den Lebensprocess
selbst entstehen.

Bezüglich der Sinnesempfindungen ist es kaum
mehr möglich zu zweifeln, dass dieselben ausnahmslos durch Vermittelung der Grosshirnrinde zu
Stande kommen — ohne Grosshirnrinde keine objectivir-
bare Sinneswahrnehmung. Fraglich ist aber, ob dies
auch durchgehends für die Organ-Empfindungen gilt.

Die Organ-Empfindungen sind schon insofern höchst

verschiedenwerthig, als ein Theil derselben gleich den
Sinnesempfindungen zur Wahrnehmung der Aussenwelt
dient, ein anderer nicht; zu ersteren gehören vor allem
die kinästhetischen, d. h. die an den Bewegungsapparat
geknüpften Empfindungen, welche man früher kurz als
„Muskelsinn" bezeichnete, während thatsächlich hierbei
zu den von den Muskeln ausgehenden Empfindungen
noch solche kommen, welche in den Nerven der Sehnen,
Gelenke ja vielleicht auch Knochen ihren Ursprung
haben. Die Eindrücke des „Muskelsinns" sind wenigstens
theilweise objectivirbar; sie dienen bekanntlich unter
anderem zur Bestimmung der Schwere gehobener Ge-
wichte. Ihnen stehen diejenigen Organ-Empfindungen
gegenüber, welche lediglich die Wahrnehmung des
eigenen Körpers, seiner Bedürfnisse, der Beeinträchtigung
wie Förderung seiner Leistungen vermitteln. In erster
Linie ist hier eine Gruppe hervorzuheben, welche die
sinnlichen Triebe begleitet bezw. zum Bewusstsein bringt,
die den Hunger, den Durst, die *libido sexualis* anzeigen-
den localisirten Empfindungen im Rachen und Unter-
leib: ich will sie kurz „localisirte Triebgefühle"
oder „Localzeichen der Triebe" nennen, wobei zu
bemerken ist, dass sie nur eine Theilerscheinung dessen
darstellen, was wir „Triebe" heissen. Denn nebenher
geht vielfach eine allgemeine Unruhe, welche nicht
psychischer Natur ist und vielleicht einer unmittel-
baren (automatischen) Reizung motorischer Central-
apparate ihren Ursprung verdankt.

Speciell diese Triebgefühle zeigen deutlich Erscheinungen, welche man als „Gefühlstöne" der Empfindungen bezeichnet, die zwischen Lust und Unlust sich bewegenden inneren Zustände. Lust- und Unlustgefühle werden noch gegenwärtig von namhaften Psychologen von den Organ-Empfindungen gesondert und als etwas ganz Eigenartiges (Reaction einer „Seele"?) hingestellt — doch kann ich hier in eine nähere Erörterung dieser Frage nicht eintreten. Thatsache bleibt, dass wenigstens die sinnlichen Gefühle stets an Empfindungen gebunden erscheinen, insbesondere an Organ-Empfindungen, so dass sie zu diesen offenbar die engsten, unmittelbarsten Beziehungen haben.

Unlustäusserungen[3] finden wir nun auch bei Missgeburten, welchen das Grosshirn vollständig (eventuell selbst bis zur Mitte der Vierhügelgegend) fehlt, desgleichen bei Frühgeburten von acht Monaten, bei welchen die Grosshirnrinde nirgends fertig entwickelte reife Nerven-Elemente erkennen lässt. Demgemäss ist es zweifelhaft[4] dass es zur Entstehung gewisser Organ-Empfindungen mit selbst lebhafter Gefühlsbetonung der Grosshirnrinde bedarf. Ein Theil der Organ-Empfindungen wird möglicherweise vermittelt ausschliesslich durch niedere Hirntheile.

Somit sind nicht alle Bewusstseinserscheinungen mit Sicherheit als Leistungen der Grosshirnrinde anzusehen — und ich stimme hier wohl mit Herrn Goltz überein, welcher ja auch beim gross-

hirnlosen Hund noch seelische Regungen anzunehmen
geneigt ist.

Was hingegen die objectivirbaren Sinnesempfindungen anlangt, so spricht thatsächlich keine sicher-
gestellte Thatsache gegen die Anschauung, dass hier
ausschliesslich die Grosshirnrinde in Betracht kommt.
Ja, man nimmt gegenwärtig wohl allgemein an, dass
jeder besonderen Sinnesqualität ein besonderes Feld
der Grosshirnrinde zugeordnet ist, welches die Fähigkeit besitzt, die zugeführten Nervenreize in Sinnesempfindungen, in Bewusstseinserscheinungen von speci-
fischem Gepräge⁵ zu transformiren. Wir unterscheiden
demgemäss eine Sehsphäre der Grosshirnrinde, eine
Hörsphäre, Riechsphäre, Tastsphäre u. s. w.

Genauer bekannt war bis vor kurzem beim Menschen nur die Sehsphäre in Bezug auf Lage, Ausdehnung und Grenzen; von der Hörsphäre kannte
man nur ungefähr die Lage, sehr verschwommen
waren die Vorstellungen über die Grenzen der Tastsphäre.

Ich glaube nun Befunde gemacht zu haben, welche
es ermöglichen, Lage, Grösse und Grenzlinien **aller**
corticalen Sinnessphären genauer zu bestimmen,
und möchte zunächst Ihre Aufmerksamkeit erbitten für
eine kurze Darstellung der hierbei in Betracht kommenden anatomischen Verhältnisse, die unentbehrliche Basis meiner weiteren Betrachtungen.

I.

Eine der Hauptaufgaben der Anatomie der Localisation der Hirnfunctionen gegenüber, ist die völlig
lückenlose Darlegung der Sinnesleitungen von
ihrem Eintritt in das Centralorgan bis zu ihren End-
stätten in der Hirnrinde. Dieser Forderung lässt sich
gerade am Menschen Genüge leisten, sobald man das
Gehirn des Fötus und Neugeborenen zur Untersuchung
verwerthet und die so erlangten Befunde mit den Ergebnissen der Türk'schen Untersuchungsmethode (secundäre Degenerationen im Anschluss an Herderkrankungen — womöglich nach der „Methode der kleinsten
Herde") vergleicht.⁶

Die Sinnesleitungen entwickeln sich dergestalt, dass
sie von allen Faserzügen des Grosshirn-Markes zuerst
erscheinen und reifen, d. h. Markscheiden erhalten. Sie
liegen so beim Fötus und Neugeborenen völlig isolirt
vor Augen; man kann ihren Verlauf, die Rindenbezirke,
mit welchen sie in Verbindung treten etc., genau überblicken. Es giebt thatsächlich keine andere
Methode, welche dies auch nur annähernd gleich
vollkommen⁷ leistete. Die Schärfe der hierbei zu
Stande kommenden Bilder ist geradezu überraschend
für jeden, der zum ersten Mal gut gelungene Prä-
parate sieht.

Dass sich die Ergebnisse der entwickelungsgeschicht-

lichen und der rationell verwertheten Türk'schen
Methode in ausgiebigster Weise decken mit den Resultaten einer geläuterten klinischen Beobachtung, er-
höht naturgemäss das Vertrauen in die anatomischen
Befunde. Doch ist es keineswegs zweckmässig, etwaige
Lücken in der Anatomie auszufüllen durch klinische
Thatsachen. Auch hier bleibt zunächst jede Disciplin
am besten auf ihrem Gebiet und sucht selbständig und
unabhängig von anderen zu möglichst lückenlosen Resultaten zu gelangen.

Ich gebe nun zunächst einen kurzen Ueberblick
über die einzelnen Sinnesleitungen.

1. Hintere Wurzeln des Rückenmarkes bezw. der Oblongata (excl. 8. und 9. Hirnnerv).

Von allen Sinnesleitungen zuerst entwickeln
sich die in den hinteren Wurzeln des Rückenmarkes und der Oblongata enthaltenen. Im Grosshirnmark sind die zuerst zur Reife gelangenden Nerven-
fasern ausschliesslich (indirecte!) Fortsetzungen
hinterer Wurzeln.

Die hinteren Wurzeln vermitteln bekanntlich
einestheils sämmtliche Organempfindungen, soweit
nicht etwa der Sympathicus hierbei in Betracht kommt,
anderentheils die verschiedenen Hautsinnesqualitäten
(Tast- und Temperatursinn).

Die klinische Medicin war bislang nicht in der
Lage, aus Herden in den Grosshirnlappen den Umfang

des Rindengebietes festzustellen, welches an diesen
Sinnes- und Organempfindungen betheiligt ist. Dagegen
existirte eine wichtige, wohl allgemein anerkannte, in
alle Lehrbücher übergegangene Beobachtung über Beziehungen der inneren Kapsel zu Sensibilitätsstö-
rungen, welche ihrem Entdecker zu Ehren zweckmässig
als Türk'sche Hemianästhesie bezeichnet wird. Dieselbe tritt in zwei Hauptformen auf, einer einfachen und
einer complicirten. Als einfache bezw. uncomplicirte
betrachte ich einen Symptomencomplex, bei welchem
auf einer ganzen Körperhälfte einestheils die cutanen
Empfindungen, anderentheils die an den Bewegungsapparat geknüpften Organgefühle und die Schmerz-
empfindung in allen äusseren Theilen, einschliesslich
Mundhöhle, Sexualorgane etc. aufgehoben sind. Die
Empfindlichkeit der Bauch-Eingeweide auf Druck
ist in der Regel erhalten wohl deshalb, weil diese auf
der Mittellinie gelegenen Organe zu beiden Hirnhälften
in Beziehung stehen. Nicht selten gesellen sich auch,
was schon Türk beobachtete und insbesondere Charcot
näher erforschte, Anästhesien der höheren Sinne, halbseitige Taubheit oder Hörschwäche, Hemianopsie, He-
miageusie und Hemianosmie (für Trigeminusreize) hinzu.
Die einfache Form der Türk'schen Hemianästhesie, bei
welcher also nur Functionen von hinteren Wurzeln
ausgeschaltet sind, findet sich bei Läsionen des hinteren
Theiles der inneren Kapsel und des angrenzenden Fusses vom Stabkranz; so lautet die heutige

officielle Lesart. Diese Gegend bildet einen Theil
des Carrefour sensitif Charcot's.

Wichtig ist nun die weitere klinische Thatsache,
dass von keinem enger begrenzten Rindengebiet
her so regelmässig, so andauernd und so intensiv Hemianästhesie der hinteren Wurzeln, der Körpergefühle
eintritt, wie von besagtem Theil der inneren Kapsel aus.

Die Entwickelungsgeschichte bezw. Anatomie
des Neugeborenen liefert hierzu in überraschender Weise
den Schlüssel. Die innere Kapsel in ihrem hinteren
Drittel ist dasjenige Gebiet der Grosshirnlappen, welches zuerst beim Fötus markhaltige Fasern erkennen
lässt. Der Verlauf der an der Türk'schen Hemianästhesie betheiligten Faserzüge der inneren Kapsel
im Grosshirnmark, ihre Ursprünge und ihr Ausbreitungsgebiet in der Grosshirnrinde lassen sich demgemäss am
Fötus bezw. Neugeborenen wunderbar klar erkennen.
Diese Leitungen zeigen entwickelungsgeschichtlich deutlich eine Dreigliederung, sodass ich drei sensible Fasersysteme der inneren Kapsel unterscheide; zur schärferen
Markirung wähle ich zunächst einfach Ziffern: Nr. 1.
Nr. 2. Nr. 3 (vergl. Figg. 1—3 S. 18—23).

a) Das sensible System Nr. 1.

Es erhält zuerst Mark, d. h. von Anfang des neunten
Fötalmonats an und nimmt in der oberen Hälfte der
inneren Kapsel das unmittelbar hinter der Pyramidenbahn gelegene Areal fast vollständig ein. Die Fasern

desselben gehen überwiegend aus den basalen Abschnitten des lateralen[8] Sehhügelkerns sowie dem schalenförmigen Körper (FLECHSIG, v. TSCHISCH — ventrale Kerngruppen v. MONAKOW's) hervor, zum Theil (Fig. 3 1″) direct aus der Hauptschleife (incl. „Brücken-Schleife") und gelangen ausschliesslich in die Rinde der Centralwindungen, welch' letztere also von allen Rindenbezirken zuerst mit der Körperperipherie in leitende Verbindung treten. Sie bilden ein flaches Faserblatt, dessen Querschnitt im Mark des Scheitellappens eine von vorn nach hinten verlaufende Linie darstellt (1 1′ 1″ Fig. 1—3 S. 18—23).

Ein recht unbedeutender Theil verläuft entsprechend der hinteren Kante des Linsenkerns in der äusseren Kapsel und im hintersten Abschnitt der Lamina medullaris externa des Linsenkern selbst. Ein kleines Bündel gelangt scheinbar in den unteren Theil der Sehstrahlung (1×); ob dieser Abzweiger des Systems Nr. 1 bis zur Sehsphäre (vergl. Tafel) verläuft, vermochte ich nicht mit Sicherheit festzustellen: jedenfalls finden sich auf der fraglichen Entwickelungsstufe im Schläfenlappen nirgends markhaltige Fasern, während in der Sehstrahlung einzelne markhaltige Bündel auch noch weit hinten nachweisbar sind, und zwar ausschliesslich in den basalsten Theilen (nach aussen-unten vom Unterhorn). Im Sehhügel lassen sie sich etwa bis zur Gegend des hintersten Abschnittes des lateralen Kerns (LK× Fig. 1 S. 18 — „hinterer" Kern v. MONAKOW's) verfolgen.

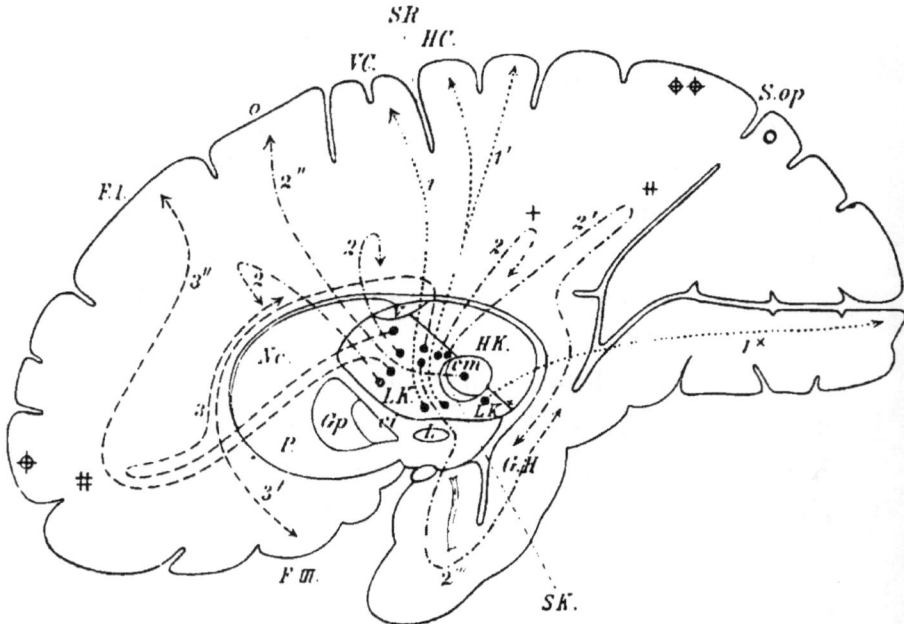

Fig. 1. Sagittalschnitt durch das menschliche Gehirn.

Es sind nur die Fasersysteme des Thalamus opticus dargestellt, welche corticopetal leiten — die corticofugalen Leitungen
der dorso-medialen Kerngruppe des Sehhügels, die motorischen
Bahnen der Grosshirnrinde etc. fehlen vollständig. — Die Anordnung der Punkte im ventro-lateralen Sehhügelbezirk ist
schematisch.

Erklärung zu Fig. 1.

Gp Globus pallidus } des Linsenkerns.
P Putamen

Ac Nucleus caudatus.

LK Lateraler Kern
SK Schalenförmiger Körper } ventro-laterale Kerngruppe des
cm centre médian
HK innerer Kern und Pulvinar } dorso-mediale Kerngruppe des
r vorderer Kern
} Sehhügels.

ci innere Kapsel.

L Luys'scher Körper.

FI 1. Stirnwindung.

FIII 3. Stirnwindung.

GH Gyrus hippocampi.

VC vordere } Centralwindung.
HC hintere

SR Centralfurche.

S.op Sulcus occipito-perpendicularis.

Fi.ca Fissura calcarina.

Auf Figg. 1—3 bezeichnet:

1
1' } das sensible System Nr. 1.
1×
1'''

2
2' } —·—·—·— das sensible System Nr. 2.
2''
2'''

3
3' } — — — — — das sensible System Nr. 3.
3''

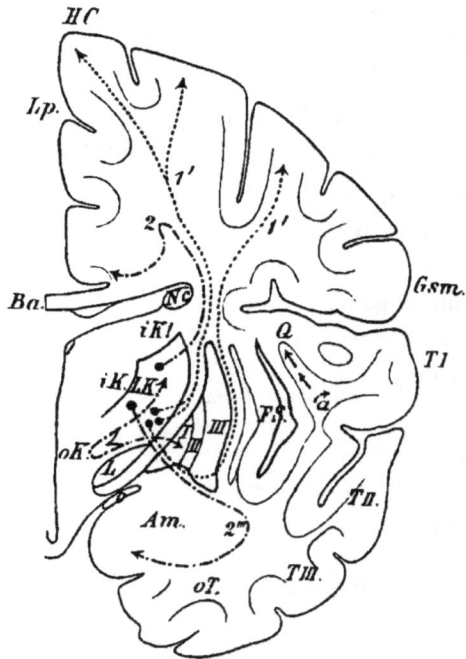

Fig. 2.   Frontalschnitt durch das menschliche Gehirn.

Erklärung zu Fig. 2.

I, II, III. Erstes, zweites, drittes Glied des Linsenkerns.

LK lateraler Kern
iK
iK! innerer Kern
} des Sehhügels.

Nc Nuclens caudatus.

L Luys'scher Körper.

oK oberer Kleinhirnstiel (Endtheilung).

o Tractus opticus.

Am Amgydala, Mandelkern.

FS Fossa Sylvii.

HC hintere Centralwindung.

Gsm Gyrus supramarginalis.

TI 1.
TII 2. } Schläfenwindung.
TIII 3.

Q vordere Querwindung des Schläfenlappens.

oT Gyrus occipito-temporalis.

Lp Lobulus paracentralis.

Ba Balkenkörper.

a Hörleitung (Cochlearis).

Erklärung zu Fig. 3.

I, II. III. Erstes, zweites, drittes Glied des Linsenkerns.

Nc Nucleus caudatus.

l K lateraler Kern ⎫
i K innerer Kern ⎪
⎬ des Sehhügels.
cm centre médian ⎪
P Pulvinar ⎭

M Meynert'sches Bündel (Querschnitt).

h C hintere Commissur.

Z Zirbeldrüse.

P' Pyramidenbahn. ⎫
A Arnold'sche Bündel ⎬ innere Kapsel.
T sensible Region ⎭

a Hörleitung.

S G Sehstrahlung Gratiolet's (i. w. S.)

a corticofugale Bahnen derselben.

β corticopetale = Stabkranz des äusseren Kniehöckers.

Q vordere Querwindung in 1. Schläfenwindung übergehend.

G s Gyrus subangularis.

FI   1. ⎫
⎬ Stirnwindung.
FIII   3. ⎭

G f Gyrus fornicatus.

S C Subiculum cornu Ammonis.

H Hinterhorn des Seitenventrikels.

Op Operculum.

Pm (punktirt) Querschnitt des grossen Associationssystems zwischen Körperfühlsphäre (Centralwindungen) und hinterem grossen Associationscentrum, vergl. Text S. 66 flg.

J Insula Reilii (Rinde).

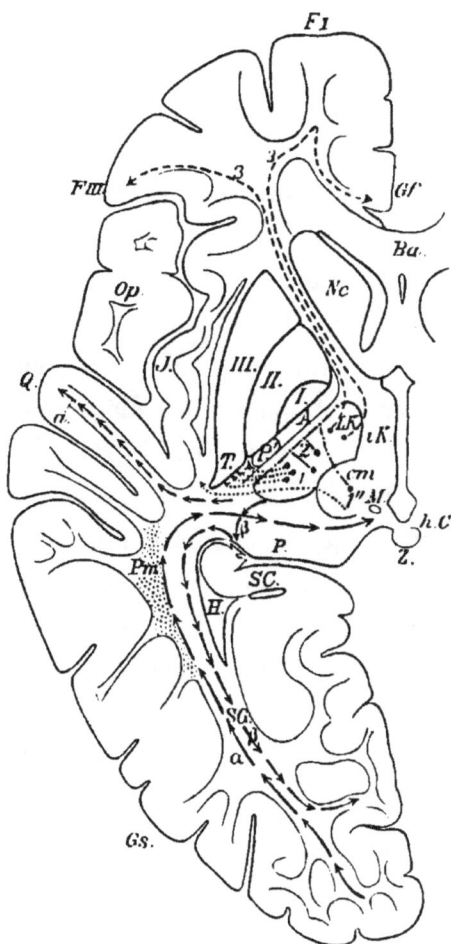

Fig. 3. Horizontalschnitt durch das
menschliche Gehirn.

←—— Hörleitung.

→ }
←- } Sehstrahlung.

b) System Nr. 2.

Etwa einen Monat später als Nr. 1 tritt in der
inneren Kapsel ein zweites Fasersystem hervor, welches
gleichfalls aus dem lateralen Kern des Sehhügels heraus-
wächst, aber mehr dorsal (vergl. Fig. 2 S. 20) als Nr. 1
welch' letzteres besonders an der Basis des Sehhügels
austritt. Dieses zweite Fasersystem gelangt nach oben
in das Grosshirnmark zum Theil in dieselben Regionen wie Nr. 1, in den Lobulus paracentralis und in
den Fuss der 1. Stirnwindung; zum anderen Theil biegt
es spitzwinklig (2, 2, 2) nach innen um und tritt mit fast
der ganzen Länge des Gyrus fornicatus in Verbindung.
Die hintersten Bündel (2′ Fig. 1) treten ins Cingulum
ein und verlaufen gegen das Ammonshorn. Diesen aus dem
oberen und vorderen Rand der inneren Kapsel hervor-
gehenden Faserzügen gesellt sich gegen die Zeit der
Reife ein weiterer bei, welcher vom lateralen Kern des
Sehhügels aus basalwärts verläuft, in die Haken-
windung eintritt (2‴) und von vorn unten[9] her in das
Subiculum cornu Ammonis gelangt, sodass also der ganze
Lobus limbicus mit dem lateralen Kern des Sehhügels (in meinem Sinn) zusammenhängt. — Die zum
Fuss der 1. (bezw. 2.?) Stirnwindung gelangenden Bündel
scheinen aus dem *centre médian*[10] (Leys) des Sehhügels
hervorzugehen.

c) System Nr. 3.

Ein bis mehrere Monate nach der Geburt wird
ein drittes Fasersystem der inneren Kapsel markhaltig,

welches mit dem lateralen Sehhügelkern in Verbindung
steht. Es tritt etwa im mittleren Theil der Kapsel aus
dem vorderen Abschnitt des lateralen Kerns aus und
verläuft theils direct zum Fuss der dritten Stirnwindung, theils beschreibt es vielfache scharf gekrümmte
Curven (vergl. Fig. 1 S. 18 *3, 3''*), um zu der Rinde zu
gelangen. Bündel letzterer Art laufen von der Gegend
der Pyramidenbahn nach vorn im Fasciculus sub-
callosus und steigen am vorderen Rand des Streifen-
hügels zur dritten Stirnwindung herab (*3'*); eine zweite
Gruppe läuft durch den vorderen Schenkel der inneren
Kapsel ins Stirnhirn fast bis zum Pol und biegt hier spitzwinklig um, sodass die Fasern einestheils zum mittleren
Theil des Gyrus fornicatus (*3*),[11] anderentheils zur
vorderen Hälfte der ersten Stirnwindung (*3''*) gelangen,
einzelne auch zum Fuss der zweiten Stirnwindung.

Untersucht man nun die Beziehungen des seit-
lichen Sehhügelkerns zu tieferen Theilen der Centralorgane bezw. zur Körperperipherie, so ergiebt sich,
dass in denselben von unten her alle die Leitungen
eintreten, in welchen man die Fortsetzung der hinteren
Wurzeln zu suchen hat — nämlich Haupttheil der
Schleifenschicht (vergl. Tafel Fig. 2 *l*), obere Kleinhirnstiele (vergl. Tafel Fig. 2 *B*, Hinter- und Seitenstränge etc.) und Längsbündel der Formatio
reticularis (vergl. Tafel Fig. 2 *r*).[12] Die Schleifenschicht tritt in den ventralen und hinteren Abschnitt

des lateralen Kerns (besonders die hintere Hälfte der
ventralen Kerngruppe v. Monakow's) ein; die basalsten
Bündel gehen direct in die innere Kapsel über.

Der laterale Kern des Sehhügels in meinem
Sinn ist also ein Knotenpunkt in der Bahn der
hinteren Wurzeln zur Grosshirnrinde; hier liegt, wie
mir scheint, alles beisammen, was von denselben rinden-
wärts zieht (auch die nicht hier endenden Leitungen)
— was übrig bleibt, vertheilt sich auf das Gebiet,
welches ich mit Herrn v. Tschisch als schalenförmigen Körper bezeichnet habe und das *centre
médian* von Luys. Der Rest des Sehhügels hat mit
den sensiblen Leitungen der hinteren Wurzeln nichts
zu thun, weshalb es sich empfiehlt alle zu den letzteren
in Beziehung stehenden Kerne unter der gemeinschaft-
lichen Bezeichnung „ventro-laterale" Kerngruppe
des Thalamus zusammenzufassen und so von den übrigen
Gebieten zu unterscheiden.

Diese entwickelungsgeschichtlich gewonnenen
Aufschlüsse werden durchaus bestätigt von der
pathologischen Anatomie.

Ich habe mit Herrn Hösel.[13] einen Fall beschrieben,
wo eine ca. 50 Jahre bestehende Erweichung beider
Centralwindungen (besonders der hinteren, welche com-
plet geschwunden war) secundäre Degeneration der
oberen Kleinhirnstiele. Schleifenschicht[14] und Formatio
reticularis herbeigeführt hatte. Neben dem schalenförmigen Körper zeigte auch der laterale Kern des Sehhügels —

und zwar bemerkenswerther Weise genau an den Stellen,
wo das foetale System Nr. 1 entspringt — Degenera-
tionsschwund sämmtlicher Ganglienzellen, sodass thatsächlich Pathologie und Entwickelungsgeschichte völlig
übereinstimmende Resultate liefern, dahin gehend, dass
die Centralwindungen zum Theil direct, in der Hauptsache indirect mit den sensiblen Kernen der Hinter-
und Seitenstränge des Rückenmarkes zusammenhängen.

Vergleicht man mit den anatomischen Befunden
die klinischen Beobachtungen, so ergeben sich
wenigstens theilweise befriedigende Uebereinstimmungen.

Zerstörung der Centralwindungen ist bekanntlich häufig von Verlust der kinästhetischen Organ-
Empfindungen begleitet, sodass insbesondere die
Lage- und die Bewegungsvorstellungen für die Extremitäten und die Mundgegend hinwegfallen oder defect
werden. Von den Hautempfindungen leidet dabei, besonders bei kleinen Herden nur die Empfindung für
leichtere Berührungen und die genaue Localisation derselben regelmässiger. Eine Folge davon ist z. B. bei
Verletzung des Armgebietes (Mitte der Centralwindungen)
Unfähigkeit, durch Tasten die Form äusserer Objecte
zu erkennen.

Durch Verletzung der dritten Stirnwindung[15] leidet
nach einer landläufigen Ueberzeugung (WERNICKE) die
Fähigkeit sich die Bewegungen vorzustellen, schärfer
ausgedrückt wohl auch die Fähigkeit, die Lage der
Organe zu fühlen, welche an der Sprache betheiligt

sind. Die oben beschriebene Leitung Nr. 3 zur dritten
Stirnwindung (und vielleicht auch zur ersten Stirnwin-
dung) ist demgemäss nicht in Bezug auf die Empfin-
dungsqualität, sondern in Bezug auf die zugehörige
Körperregion von den sensiblen Bahnen der Centralwindungen unterschieden. Das Neugeborene macht (zum
Zwecke der Selbsterhaltung) weitaus früher geordneten
Gebrauch von seinen Extremitäten, den Lippen und der
Zunge, als es Rumpf- und Sprachmuskeln coordinirt
bewegt; und es entspricht wohl nur einfach dieser Er-
fahrungsthatsache, dass die sensiblen (und motorischen)
Bahnen der Extremitäten sich eher entwickeln, als
die für den Rumpf und die speciellen Sprachorgane
bestimmten.

Was die Systeme Nr. 2 anlangt, so hat man auch
für die Endstationen einzelner derselben Beziehungen
zum „Muskelsinn" angenommen. Ganz besonders gilt
dies für den Gyrus hippocampi; doch ergiebt ein ge-
naueres Studium dieser Fälle, dass niemals ausschliesslich der Gyrus hippocampi erkrankt war, dass vielmehr
daneben auch die innere Kapsel bezw. Sehhügel Läsionen
zeigten. Bereits COTTY, ein trefflicher Beobachter,
hat aber darauf hingewiesen, dass bei Läsionen der
tieferen Theile der inneren Kapsel (in welche System
Nr. 1 eintritt) Störungen speciell der kinästhetischen
Empfindungen beobachtet werden.

Reine Fälle von Erkrankung des gesammten
Gyrus limbicus liegen leider nicht vor. In dem am

ehesten hierher zu rechnenden Fall Saville[16] bestand
totaler Verlust der Sensibilität auf der gekreuzten Seite —
doch nur transitorisch. Wir sind somit mangels ge-
eigneter klinischer Beobachtungen darauf angewiesen,
das Thierexperiment herbeizuziehen, sofern wir uns
irgend eine positive Vorstellung über die Functionen des
Gyrus limbicus machen wollen. Hier ist es zweifellos
von grossem Interesse, dass nach der übereinstimmenden
Ansicht von Ferrier, Horsley und Schäfer Zerstörung
des Gyrus limbicus (Gyrus fornicatus und hippocampi)
beim Affen von deutlicher und persistenter Anästhesie
für tactile und Schmerzreize gefolgt ist. Sonach würde
der Gyrus limbicus Endstationen von Leitungen für
Tast-Temperatureindrücke und Organempfindungen (Ge-
meingefühle) enthalten — nicht für sämmtliche
Leitungen dieser Art, aber doch für einen beträcht-
lichen Theil (diejenigen, welche nicht in den Central-
und Stirnwindungen enden).

Es ist sonach ein ungemein ausgebreitetes Rindengebiet[17], welches zu den in der inneren Kapsel dicht
neben einander verlaufenden sensiblen Leitungen in
Beziehung steht.

Es empfiehlt sich für die gesammten Rindenfelder
der hinteren Wurzeln eine gemeinschaftliche Bezeichnung zu wählen, und dürfte hier der von Munk zuerst
angewandte Ausdruck „Körperfühlsphäre" durchaus zweckmässig sein, zumal auch die Sprache von
genialer Intuition geleitet, die von den hinteren Wur-

zeln vermittelten Sensationen sämmtlich als „Gefühle"
von den „Empfindungen" der „höheren" Sinne trennt.
Die Körperfühlsphäre stellt zweifellos eine Summe verschiedenartiger sensibler Centren dar, unter welchen
die Tastsphäre von besonderer Bedeutung erscheint. Doch
nimmt auch sie keineswegs für sich nur ein besonderes
Feld in Anspruch, da auch das Tasten das Zusammen-
wirken verschiedener Empfindungsqualitäten voraussetzt.

Die Körperfühlsphäre ist nun keineswegs nur mit
sensiblen Leitungen verknüpft: vielmehr gehen aus ihr
auch ungemein zahlreiche motorische Bahnen bezw.
Bahnen hervor, welche in centrifugaler Richtung leiten.
Dieselben gliedern sich in zwei grosse Gruppen, insofern
ein Theil durch den Hirnschenkelfuss aus dem Grosshirn austritt, ein anderer durch den Sehhügel und die
Hirnschenkelhaube mit niederen Centren in Verbindung steht.

Was die zur Körperfühlsphäre gehörigen Bahnen
des Grosshirnschenkelfusses anlangt, so bilden sie ca.
$^1/_5$ des Gesammtquerschnittes, zählen somit Millionen
von Fasern. Sie zeigen entwickelungsgeschichtlich
eine ähnliche Gliederung wie die sensiblen Systeme
der inneren Kapsel. Dem System Nr. 1 entspricht dem
Rindenursprung nach durchaus die „Pyramidenbahn",
welche alle am feineren Tasten betheiligten Muskeln
innervirt, als einzige direct von der Rinde zu den Ur-
sprungszellen motorischer Nerven von Oblongata und
Rückenmark ziehende Bahn (vergl. Tafel Fig. 2 *p*).[18]

Dem System Nr. 3 entspricht meine frontale Grosshirnrinden-Brückenbahn, welche im grossen Brückenganglion — wenigstens grösstentheils — endet. (MEYNERT's ARNOLD'sche Bündel, das innere Drittel des Fusses bildend — vergl. Tafel Fig. 2 *6*).

Ob im Fuss auch für das System Nr. 2 ein motorisches Correlat gegeben ist, vermag ich vorläufig nicht mit Sicherheit anzugeben; die Möglichkeit ist anatomisch wie entwickelungsgeschichtlich nicht von der Hand zu weisen.

Die Bahnen, welche von der Körperfühlsphäre zum Sehhügel leiten,[19] treten hier der Mehrzahl nach in die Gebiete ein, welche nicht zu sicher festgestellten Bahnen der hinteren Wurzeln in Beziehung stehen. Es sind dies nach der älteren Nomenclatur der vordere, der innere Kern und das Pulvinar. Ich habe mit VON TSCHISCH alle diese Theile unter der Bezeichnung „Hauptkern“ zusammengefasst, finde aber die Bezeichnung „dorso“-mediale Kerngruppe zweckmässiger. Die dorso-mediale Kerngruppe umfasst den ganzen Sehhügel mit Ausnahme des lateralen Kerns, des schalenförmigen Körpers und des *centre médian* (LUYS), also jener Gebilde, welche ich oben als ventro-laterale Kerngruppe zusammengefasst habe. Wenn es sich nun auch keineswegs stricte nachweisen lässt, so gilt es doch zweifellos *a potiori*, dass in die ventro-laterale Kerngruppe (soweit Stabkranzfasern in Betracht kommen!) im Wesentlichen corticopetale, in die

dorso-mediale Gruppe corticofugale Leitungen eintreten. Nur ist dabei zu betonen, dass sich in der
dorsalen und vorderen Sehhügelregion beide Kerngruppen über einander schieben. In der dorso-medialen Kerngruppe steht nun wiederum jede besondere Abtheilung
mit einem besonderen Rindengebiet in Verbindung: der
vordere Kern vorwiegend mit dem Lobus limbicus (mit
dem Ammonshorn speciell durch Fornix, corpus mam-
millare und Vicq d'Azyr'sches Bündel), der innere Kern
in seinem dorsalen äusseren Theil (lateraler Kern von
Monakow) mit den Centralwindungen, im inneren Theil
mit dem Fuss sämmtlicher Stirnwindungen (und dem
Streifenhügel). Das Pulvinar hat mit der Körperfühlsphäre nichts zu thun; es steht ausschliesslich mit der
Sehsphäre in Zusammenhang und vielleicht (!) in seiner
vorderen Grenzzone auch mit der Hörsphäre — worüber
in der Folge mehr.

Die Bedeutung dieser anatomischen Thatsachen
wird sich erst dann klar beurtheilen lassen, wenn es
gelungen sein wird, für die dorso-mediale Kerngruppe
des Sehhügels auch alle peripheren Verbindungen
mit Sicherheit nachzuweisen. Gerade hier tappen wir
aber noch vielfach im Dunkeln.[20]

Die Frage nach den corticofugalen Leitungen
der Körperfühlsphäre ist von um so grösserer Bedeutung,
als innerhalb dieser Sphäre die „motorischen"
Regionen liegen, deren Kenntniss wir den epoche-
machenden Experimenten der Herren Fritsch und

Hitzig verdanken. Nach den Versuchen der Herren
Horsley und Beevor an der Hirnrinde und Capsula
interna des Orang-Utang zweifle ich nicht, dass hier
(vielleicht nicht bei den niederen Säugethier-Ordnungen)
lediglich die Bahnen elektrisch erregbar sind, welche
im Grosshirnschenkelfuss verlaufen — die Bahnen
für die eigentlichen Willkürbewegungen.

Die Körperfühlsphäre hat aber ausserdem, nach
klinischen Erfahrungen zu schliessen, auch nahe Beziehungen zur Athmungsmuskulatur (einschliesslich der
Bauchmuskeln) und zum Circulationsapparat (zur Puls-
frequenz und Gefässweite und hierdurch zur Körper-
temperatur). Vermuthlich sind in den corticopetalen
Bahnen der Körperfühlsphäre demgemäss auch Leitungen
enthalten, welche die Organ-Empfindunger jener Körper-
theile vermitteln, sodass neben Durst und Wollust etc.
auch Geschehnisse im Respirations- und Circulations-
Mechanismus, die Contractionszustände aller willkürlich
beeinflussbaren Muskeln u. a. m. durch Vermittelung
der Körperfühlsphäre zu Bewusstsein kommen.

Hierdurch aber wird es in hohem Grade wahrscheinlich gemacht, dass der Körperfühlsphäre auch am
Bewusstwerden der die Affecte begleitenden (bezw.
constituirenden) körperlichen Vorgänge (der Verminde-
rung und Steigerung der Muskel-Innervation etc.), ein
wichtiger Antheil zufällt, dass die Körperfühlsphäre
insofern das Centralorgan[21] der psychischen Spiegelung
affectiver Körperzustände bildet und die entsprechende

3

Componente zu den Gemüthsbewegungen stellt — ein
für die Psychiatrie unendlich wichtiger Gesichtspunkt,
auf welchen ich aber Mangels an Zeit hier nicht weiter
einzugehen vermag.

2. Riechnerv.

Die centralen Leitungen des Riechnerven entwickeln
sich nach dem System Nr. 1 der hinteren Wurzeln.
Nach Herrn EDINGER tritt in der Wirbelthierreihe die
Riechsphäre zuerst auf; ist dies richtig, so besteht zwischen
der Ontogenie des Menschen und der Phylogenie kein
Parallelismus. Die Reihenfolge der Entwickelung der
corticalen Sinnessphären des Menschen zeigt einen besonderen Typus; es beginnt beim Menschen der am
Tasten so wesentlich betheiligte und so vollkommen
ausgebildete „Muskelsinn“, nicht der relativ bedeutungs-
los gewordene Geruchsinn. — Zur Zeit, wo die Nerven-
fasern des Tractus olfactorius Markscheiden erhalten
haben (gegen Ende des 9. Monats), sind in ihrem ganzen
Ausbreitungsgebiet andersartige Fasersysteme nicht markhaltig, so dass es leicht gelingt, die corticalen Endstationen des Riechstreifens (soweit nicht etwa später
noch weitere Faserzüge hinzukommen) scharf zu umgrenzen. Hierbei ergiebt sich, dass eine frontale und
eine temporale Riechsphäre zu unterscheiden sind. Erstere umfasst den gesammten hinteren Rand der Basis
des Stirnlappens und den basalen Theil des Gyrus fornicatus; letztere den Uncus und einen Theil des benach-

barten „inneren" Pols des Schläfenlappens. Beide Sphären
hängen am Grund der Insel zusammen. Von der frontalen Riechsphäre gelangen Leitungen, welche sich sehr
frühzeitig entwickeln, durch die Stria tecta in den mittleren
Abschnitt des Gyrus fornicatus, spätere (FOREL's Fornix
longus vergl. Tafel Fig. 2 *F.l.*) in das Septum pellucidum,
welch' letztere, den Balken durchsetzend, als Bestand-
theil des Cingulum von hinten-oben her in das Ammonshorn (Alveus) eintreten (Fig. 3 *SC* im Querschnitt).
Die Stria medialis Lancisi nimmt einen ähnlichen Verlauf.

Von der temporalen Riechsphäre aus zieht ein
besonders früh sich mit Mark umhüllendes Associationssystem von vorn-unten her (vergl. Tafel Fig. 2) in
das Ammonshorn (gleichfalls in den Alveus). Sonach
hat das Ammonshorn nahe Beziehungen zu allen Theilen
der Riechsphäre, und es liesse sich daran denken, dass
es an der Vermittelung von Geruchsempfindungen wesentlich betheiligt ist. Hiergegen spricht nicht, dass
auch die hinteren Wurzeln Leitungen zum Ammonshorn
entsenden, da bekanntlich der Trigeminus am Riechen
wesentlichen Antheil hat und auch der Geschmack mit
dem Geruch innig associirt ist. Immerhin muss die
Möglichkeit im Auge behalten werden, dass insbesondere dem Subiculum cornu Ammonis, welches,
wenigstens zum Theil, nicht direct mit der Riechsphäre, wohl aber mit dem lateralen Sehhügelkern (s. o.) zusammenhängt, eine andersartige Function zukommt. — Sowohl von der frontalen als temporalen

3*

Riechsphäre gehen weitere Bahnen aus (zum Globus
pallidus des Linsenkerns und zum Thalamus), welche
vermuthlich corticofugale Reflexbahnen darstellen. Beziehungen zum Hirnschenkelfuss konnte ich nicht sicher
nachweisen.

Ueber die Lage der Schmecksphäre vermag ich
auf Grund anatomischer Untersuchungen sichere Angaben nicht zu machen. Sie ist wohl zweifellos im
Bereich oder am Rand der Körperfühlsphäre oder
Riechsphäre zu suchen.[12]

3. Sehnerv.

Der Sehnerv entwickelt sich beim Menschen nach
dem Riechnerv; er lässt noch Mitte des 10. Monats Mark
nur nach einer gewissen extrauterinen Lebensdauer erkennen, sodass also jüngere Früchte mit marklosem
Sehnerv auf die Welt kommen. Untersucht man nun
den Verlauf des Tractus bei reifen Neugeborenen, so
lassen sich direct Fasern zum äusseren Kniehöcker
und von da aus zum vorderen Vierhügel verfolgen.
Dass aus dem Nervus opticus ein Bündel in den Thalamus opticus eintritt und hier endet — davon habe
ich mich beim Menschen nicht sicher überzeugen
können. Wohl aber tritt aus dem äusseren Kniehöcker
ein mächtiges Bündel zunächst in das Pulvinar des Sehhügels ein, welches zum Theil eine directe Fortsetzung
des Tractus opticus vortäuscht, offenbar aber aus den
Zellen des Kniehöckers hervorgeht, also eine indirecte

Fortsetzung des Sehnerven darstellt: ich will es „Sehstrahlung im engeren Sinne" oder Stabkranz des äusseren Kniehöckers nennen. Auch dieses Bündel endet aber nicht, selbst nicht zu einem kleinen Theil im Sehhügel, sondern es geht in die Sehstrahlung Gratiolet's über und gelangt durch diese zur Rinde der Fissura calcarina, insbesondere zu dem durch den Vicq d'Azyr'schen Streifen schon makroskopisch ausgezeichneten Theil des Cortex. Man kann dies bei Neugeborenen sehr leicht nachweisen, da hier die Sehstrahlung im engeren Sinne völlig isolirt als markhaltiger Strang im Hinterhauptslappen verläuft. Ich halte es sonach für unerwiesen, dass beim Menschen der Sehhügel ein Internodium auf der Bahn der Sehnerven zur corticalen Sehsphäre bildet.

Auch die Sehstrahlung im weiteren Sinne d. h. im Sinne Gratiolet's und der Neueren ist keineswegs in allen Theilen einfach nur Sehleitung; übertrifft sie doch an Querschnitt den Tractus opticus um mehr als das Fünffache, dient also auch anderen Functionen. Bereits erwähnt wurde, dass ein noch vor der Sehleitung erscheinendes Bündel von der (hinteren) lateralen Kerngruppe des Sehhügels her sich der Sehstrahlung (?) beigesellt. Dazu kommen an Masse weit überwiegend nach der Sehleitung entstehende Faserbündel, welche zum Pulvinar in Beziehung stehen, aber wie ich annehme, in der Hauptsache nicht corticopetal, sondern corticofugal leiten. Sie nehmen in der Sehstrahlung nirgends einen Abschnitt für sich ein, sondern sind überall ge-

mischt mit Fasern, welche aus dem äusseren Kniehöcker
bez. vorderen Vierhügel hervorgehen. Ihr Ursprungsgebiet in der Rinde umfasst auch den gesammten Cuneus und den Lobulus lingualis[22] bis zur basalen Fläche
des Hinterhauptes-Schläfenlappens (vergl. Tafel Fig. 1. 2).

Ich bezeichne nun den gesammten Rindenbezirk,
zu welchem die „Sehstrahlung im weiteren Sinn" in
Beziehung tritt, als „Sehsphäre". Er umfasst die
gesammte Innenfläche des Hinterhauptslappens, an
der Convexität nur eine schmale Zone im Bereich der
ersten Occipitalwindung und des Polus occipitalis, nicht
aber die äusseren Occipitalwindungen bezw. den Gyrus
angularis. In jenem Bezirk ist die Sehsphäre sensu
strictiori enthalten; sie geht nicht darüber hinaus, aber
fraglich bleibt, ob wirklich alle einzelnen Stücke dieses
Bezirks an den Gesichtsempfindungen betheiligt sind.

Diese lediglich auf die Ergebnisse der entwickelungs-
geschichtlichen Untersuchung sich gründenden Anschauungen werden glänzend bestätigt durch das Studium der secundären Degenerationen, sofern dieselben
kritisch verwerthet werden.[23] Bei Erweichung, welche
ausschliesslich das Gebiet der Fissura calcarina betrifft,
degenerirt das Mark des Hinterhauptslappens und des
Sehhügels an allen den Stellen, wo beim jungen Kind
die Sehstrahlung im engeren Sinn deutlich hervortritt,
bis zum vorderen Vierhügel. Der äussere Kniehöcker
kann hierbei in allen seinen Theilen entartet
gefunden werden — woraus folgt, dass die ausserhalb

der Fissura calcarina gelegenen Gebiete der Sehsphäre
nur beschränkten Antheil an den eigentlichen Seh-
leitungen haben können. Das Pulvinar zeigt auch
ausserhalb der Sehstrahlung im engeren Sinne eine
partielle Degeneration: es entartet in um so grösserer
Ausdehnung, je mehr von dem ausserhalb der Fissura
calcarina gelegenen Theil der Sehsphäre mit zerstört wird.

Indem der obere Theil der Sehstrahlung im weiteren
Sinne, welcher aus der Rinde des Cuneus und der
ersten Occipitalwindung hervorgeht, durch das Mark
des Scheitellappens unweit dem Gyrus angularis zum
Sehhügel bezw. zur inneren Kapsel verläuft, haben
Herde im Scheitellappen, insbesondere solche, welche
unter dem Gyrus angularis gelegen sind, leicht eine
secundäre Degeneration des oberen Theiles der Sehstrahlung zur Folge, eine Thatsache, welche zu mannigfachen Trugschlüssen über die Zugehörigkeit des Gyrus
angularis zur Sehsphäre etc. verleitet hat.[23]

Der Gyrus angularis hat selbst mit der Sehstrahlung
im weiteren Sinn nichts zu schaffen; er gehört nicht
zur Sehspäre, wie dies insbesondere VIALET[24] auf Grund
sorgfältiger Untersuchungen klar ausgesprochen hat. Ja,
im Gyrus angularis lassen sich überhaupt nicht corticopetale oder corticofugale Leitungen also „Projec-
tionfasern“ sicher nachweisen. Was als Stabkranz
desselben beschrieben wird, sind thatsächlich ent-
weder Theile der „Sehstrahlung“ im weiteren Sinne

oder die Bündel, welche entsprechend der Linie 2′ Fig. 1
S. 18 verlaufen oder auch zur Bahn 1′ gehörige Faserzüge.
Und hiermit harmoniren vollständig die Resultate
der klinischen Beobachtung: Hemianopsie bezw.
überhaupt Anästhesie der Netzhaut tritt von der Hirnrinde aus nur ein bei Zerstörungen an der Innenfläche
bezw. am Pol des Hinterhauptslappens — dies hat schon
Herr Nothnagel 1887 [25] auf Grund einer Anzahl sorgfältiger Beobachtungen Früherer, unter Anderen auch
Herrn Wilbrand's, ausgesprochen, und alle neueren Untersuchungen, von denen ich nur die des Herrn Henschen
hervorheben will, haben dies bestätigt. Verletzungen
des Gyrus angularis haben, sofern die darunter liegende
Sehstrahlung nicht gleichzeitig zerstört ist, Gesichtsfeld-
defecte nicht zur Folge. [26] Somit sind auch die Ansichten Ferrier's über die Lage der Sehsphäre für den
Menschen nicht gültig.

4. Hörnerv.

Die Hörleitung, wenigstens der von der Schnecke
ausgehende Theil, entwickelt sich in ihrem centralen
Abschnitt erst nach der Geburt also zuletzt von allen
Sinnesleitungen; sie nimmt insofern die höchste Stelle
unter den Sinnesleitungen des Menschen ein, welcher
denn auch zweifellos im Hinblick auf musikalische Begabung alle Lebewesen weit übertrifft.

Ich habe mit Herrn v. Bechterew nachgewiesen,
dass der Schneckennerv durch Vermittelung der lateralen

Schleife und (beim Menschen wenigstens) spärliche Fasern
der Formatio reticularis mit dem unteren Vierhügel-
Ganglion in Verbindung tritt, während es das Verdienst
des Herrn v. Monakow ist, nachgewiesen zu haben, dass
der mit dem unteren Vierhügel ausgiebig verbundene
innere Kniehöcker mit der Rinde des Schläfenlappens und zwar ausschliesslich dieses Lappens zusammenhängt. Die Leitung von der Schnecke zur Hirnrinde ist also gegenwärtig wohl bekannt.

Die klinische Beobachtung hatte schon vorher
darauf hingewiesen, dass es eine besondere umschrie-
bene Gegend des Schläfenlappens ist, welche zu dem
Gehör in näherer Beziehung steht. Herrn Wernicke's
epochemachende Localisation der „sensorischen Aphasie"
ist hier in erster Linie zu nennen; die corticale Form
der sensorischen Aphasie (im Sinn der Herren Lichtheim und Wernicke), besser wohl als „perceptive Form
der Worttaubheit" zu bezeichnen, ist gesetzmässig an
Läsionen der ersten Schläfenwindung in der Regel der
linken Seite geknüpft. Herr Naunyn [27] hat die Region
näher bestimmt, welche hier in Betracht kommt und
etwa das dritte und vierte Fünftel der Windung von
vorn her gerechnet als meistbetheiligt hingestellt. Dieses
Gebiet ist es nun, welches sowohl durch die Entwickelungsgeschichte als die secundären Degenerationen als
Rindensphäre des Nervus cochlearis erwiesen wird.

Insbesondere Herr v. Monakow hat vor kurzem [28]
gezeigt, dass gerade bei Zerstörung dieser Gegend der

innere Kniehöcker und zwar eventuell über seinen ganzen
Querschnitt entartet. Noch schärfer lässt sich aber an
etwa zweimonatlichen Kindern Lage und Umfang der
Hörsphäre erkennen durch den Umstand, dass die
Strahlung (das Stabkranzbündel) des inneren Kniehöckers weit früher als alle anderen Faserzüge des
Schläfenlappens Markscheiden erhält. Hierbei ergiebt
sich nun, dass es die beiden bisher nur wenig ge-
würdigten Querwindungen des Schläfenlappens sind,
welche die Hörsphäre bilden, vorzüglich die vordere
Querwindung (vergl. Tafel Fig. 1).

Beide liegen in der Tiefe der Fossa Sylvii ver-
borgen, hängen aber mit der aussen sichtbaren ersten
Schläfenwindung, der WERNICKE'schen Windung, insofern
innig zusammen als sie gewissermaassen die Wurzeln
derselben bilden. Sie schieben sich ein zwischen den
hinteren Inselrand und den aussen freiliegenden Theil
der ersten Schläfenwindung, und zwar genau in jenem
Abschnitt, welchen Herr NAUNYN als Zone der
sensorischen Aphasie abgegrenzt hat. Zu allen
diesen Belegen für die akustische Bedeutung dieser
Rindenbezirke kommt schliesslich noch die Thatsache,
dass in allen bisher bekannt gewordenen Fällen totaler
Taubheit in Folge doppelseitiger Rindenzerstörung
beim Menschen stets die Gegend der Querwindungen
beiderseits lädirt war, und dass auch Fälle einseitiger
Taubheit oder Schwerhörigkeit bei einseitigen Herden
auf einer Verletzung dieser Region oder ihres Stab-

kranzes (z. B. auch durch Tumoren des Scheitellappens)
bezw. ihrer zuleitenden Fasern in der inneren Kapsel
beruhten.

Auch zur Hörsphäre gehört ein besonderes motorisches Fasersystem. Die äusseren Bündel des Hirnschenkelfusses (TÜRK'sche Bündel MEYNERT, temporale
Grosshirnrinden-Brückenbahn FLECHSIG) gehen zweifellos
zum guten Theil aus der Hörsphäre bezw. ihrer nächsten
Umgebung hervor und verbinden dieselbe mit dem
grossen Brückenganglion, insbesondere dessen distalen
Abschnitten. Ein kleiner Theil dieser Bündel bleibt
aber, wie es scheint, regelmässig intact auch bei Zerstörung der gesammten(?) Hörsphäre. Wo diese[29] Fasern des Hirnschenkelfusses entspringen, vermochte ich
noch nicht sicher festzustellen, eine recht fühlbare
Lücke in meinen Untersuchungen, da dieselbe verhindert,
die corticalen Ursprungsbezirke der gesammten Bahnen
des Fusses scharf zu umgrenzen. Bemerken will ich
aber, dass der Gyrus angularis auch hier nicht in Betracht kommt, da bei totaler alter Zerstörung desselben
wiederholt die fraglichen Bündel eine Degeneration
nicht zeigten. Auch zur Grenzregion von Pulvinar
und innerem Kern des Thalamus gelangen Fasern der
Hörsphäre, so dass hier eine zweite corticofugale Bahn
gegeben sein könnte.

Dass dem Nervus vestibularis ein Antheil an
der Hörsphäre des Schläfenlappens zukommt, ist nicht
erwiesen. Der Nerv der Bogengänge verläuft wie die

meisten hinteren Wurzeln der Oblongata, so dass man
seine corticale Endstation am ehesten in der Körperfühlsphäre suchen möchte.[12] Ob er zum Thalamus in Beziehung steht, ob ihm ein besonderer „Kern" in dem-
selben zugehört, ist unbekannt; wohl zweifellos besitzt
er reiche Verbindungen mit dem Linsenkern!

5. Nichtlocalisirte Triebgefühle.

Sehen wir von den Localzeichen der Triebe ab, so
verbleiben jene dumpfen Sensationen, welche vielfach
nur als eine vage allgemeine Unruhe wahrgenommen
also zum Theil erst mittelst der secundären Folgezustände
einer dunkeln primären Reizung bewusst werden. Es
handelt sich hier wohl um directe Erregungen der
Centralorgane selbst, insbesondere durch in den Gewebs-
flüssigkeiten enthaltene Substanzen, wechselnde Weite
der Blutgefässe u. dergl. m. Am besten bekannt sind
die durch CO_2-Ueberladung des Blutes entstehenden
Beklemmungsgefühle, welche theilweise peripher pro-
jicirt und somit localisirt werden, zum Theil jeder
Localisation unzugänglich sind. Das Gleiche gilt von
den „sinnlichen Trieben" und zahlreichen unter pathologischen Verhältnissen auftretenden Zuständen wie
„innere Spannung", Angst u. dergl. m., welche zu motorischen Entladungen „drängen" und so ohne weiteres
sich als den Trieben nahe verwandt legitimiren.

Die hierbei in die Erscheinung tretenden Bewegungen gehen, wie bereits oben angedeutet, nicht

sämmtlich von der Grosshirnrinde aus, werden viel-
mehr auch durch niedere Centren ausgelöst, wie die
Beobachtung grosshirnloser Missgeburten und von acht-
monatlichen Frühgeburten zeigt. Hier ist nun wohl
die Thatsache nicht ohne Interesse, dass sich in der
Oblongata ganz besonders frühzeitig Gruppen grosser
Zellen der Formatio reticularis differenziren, deren
Axencylinder-Fortsätze in Fasern der spinalen Vorder-
Seitenstränge (Grundbündel) übergehen, und dass diese
offenbar centrifugalen Leitungen wohlausgebildete
Markscheiden schon zu einer Zeit erkennen lassen, wo
die sensiblen Wurzeln der Medulla oblongata Nervenmark noch nicht besitzen. Jene Zellen und Fasern
sind also fertig ausgebildet und functionsfähig schon
zu einer Zeit, wo die hinteren Wurzeln noch
embryonal erscheinen. Hierdurch aber wird es höchst
wahrscheinlich, dass für die niederen Hirntheile die
„Automatie“ und nicht der Reflex die Primärform
der centralen Functionen darstellt. Die sensiblen Nerven
wirken nach ihrer Fertigstellung auslösend eventuell
regulirend auf Centren ein, welche schon vorher
existirten und functionsfähig waren.

In dieser Hinsicht besteht nun ein bemerkenswerther Gegensatz zwischen Grosshirnrinde und ver-
längertem Mark. Die motorischen Bahnen der corticalen Sinnessphären entstehen ausnahmslos erst nach
Fertigstellung der sensiblen; in strenger Gesetzmässig-
keit gilt dies für alle zusammengehörigen corticopetalen

und corticofugalen Leitungen. In der Grosshirnrinde
ist also der Reflex die Primärform der motorischen
Bethätigung. Alle Willenshandlungen entstehen aus
Rindenreflexen, gründen sich auf psychisch-reflectorische
Vorgänge — eine für die Auffassung der „Willens-
entwickelung" bedeutsame Thatsache.

Bevor ich nun eine Gesammtübersicht über die
Sinnescentren gebe, habe ich mich noch mit einer klinischen Erscheinung abzufinden. Herr WERNICKE glaubt
bekanntlich im unteren Scheitelläppchen ein motorisches Centrum für conjugirte Bewegungen von Augen
und Kopf erblicken zu sollen. Was ist es damit?

Zuzugeben ist, dass bei Verletzung dieser Gegend,
insbesondere aber bei tieferen Erweichungsherden hier
besonders häufig seitliche Ablenkung von Augen und
Kopf beobachtet wird. Dabei zeigen in der Regel die
contralateralen Extremitäten und Gesichtsmuskeln Läh-
mungserscheinungen — seltener Reizungserscheinungen
in Form von Krämpfen. Im ersteren Fall „sehen die
Augen den Herd an", im letzteren sehen sie von ihm
hinweg; im ersteren Fall sind z. B. bei linksseitigem
Herd die Rechtsdreher gelähmt, im zweiten krampfhaft
contrahirt.

Herr WERNICKE legt nun grosses Gewicht auf die
Annahme, dass man es hier mit einem sogenannten
directen Herdsymptom von Rindenerkrankung zu thun
habe, nicht mit einer Fernewirkung. Trotz seiner scharf-

sinnigen Beweisführung kann ich mich doch nicht mit
seiner Anschauung befreunden; in erster Linie aus
anatomischen Gründen. Das betreffende Rindengebiet entbehrt, wie bereits oben bei der Sehsphäre
erwähnt wurde, nach den Ergebnissen sowohl der ent-
wickelungsgeschichtlichen, als der Türk'schen Methode,
der Projectionsfasern; vorsichtiger ausgedrückt: es ist
wenigstens sehr arm daran.

Dazu kommt, dass gerade in dieser Gegend zwei
Faserzüge verlaufen, welche höchst wahrscheinlich auf
die Augenbewegungen Einfluss haben, die Sehstrahlung
und die temporale Grosshirnrinden-Brückenbahn der
Hörsphäre: sowohl Reizung der Seh- als der Hörsphäre macht beim Thier conjugirte Augenablenkung.

Und endlich lassen sich die Symptome, welche am
Kranken beobachtet werden, schwer mit der Annahme
eines Centrums vereinigen. Die Ablenkung dauert
meist nur wenige Tage; das Centrum wird also schon
nach wenigen Tagen entbehrlich, ohne dass ein anderes
Gelegenheit findet, sich einzuüben. Auch entstehen
dieselben Erscheinungen vom vorderen Rand
der Centralwindungen aus; und äusserst selten treten
sie ohne Betheiligung der Extremitäten etc. auf, so dass
schon hierdurch das Bestehen einer hemmenden Fern-
wirkung nahegelegt wird.

Soviel ich sehe, haben sich schon aus diesem Grund
nur wenige Autoren Herrn Wernicke entschieden
angeschlossen. Zu dem allen kommt aber, dass

im Mark des unteren Scheitelläppchens ein
mächtiger Faserzug offenbar ein „Associationssystem"
verläuft, welches nach vorn mit der sicher nachgewiesenen
motorischen Gegend für Kopf und Augen zusammenhängt — worüber in der Folge noch mehr.

Es sprechen also weit mehr Gründe für die Annahme,
dass es sich um ein indirectes Herdsymptom handelt.

Hierdurch aber entfällt die Nothwendigkeit im
Gyrus angularis ein besonderes optisch-motorisches
Feld zu suchen.

Es giebt indess in der Nähe der fraglichen Region
einen Windungs-Abschnitt, welcher entwickelungsgeschichtlich eine gewisse Sonderstellung einnimmt: Das
Verbindungsstück zwischen zweiter Temporalwindung
und zweiter Occipitalwindung; ich will es der Kürze
halber Gyrus subangularis nennen, da es nach oben
an den Gyrus angularis (soweit man einen solchen beim
Menschen abgrenzen kann) anstösst. Dieser Rindenbezirk
(vergl. Tafel Fig. 1 $^{+}_{+}^{+}$) geht in Bezug auf das Auftreten
markhaltiger Bündel der Umgebung voraus. Obwohl
einzelne dieser früh markhaltigen Fasern in die Sehstrahlung eintreten, halte ich es doch nicht für erwiesen,
dass es sich hier etwa um optische oder optisch-
motorische Projectionsbündel handelt; denn dieselben
lassen sich bei einer gewissen Schnittrichtung
meist bis in das Tapetum[30] und in die Balkenfaserung
verfolgen; andere gelangen im Tapetum nach vorn in
eine Gegend, wo zahlreiche Fasern aus der ersten

Schläfenwindung von vorn her ins Tapetum einstrahlen. Zahlreich sind Faserbündel, welche vom G. subangularis nach rückwärts zur Sehsphäre ziehen, noch reichlicher an Zahl solche, die längs der Aussenfläche der Sehstrahlung aufsteigend zur Gegend der Centralwindungen, besonders der mittleren Abschnitte sich verfolgen lassen. Gerade diese letzteren Fasern passiren die Stellen, deren Verletzung nach WERNICKE conjugirte Augenablenkung zur Folge hat.

Soweit meine Untersuchungen bisher reichen, kann ich im Gyrus subangularis nur ein Rindengebiet erblicken, welches ungemein ausgiebige associative Beziehungen zur Sehsphäre einerseits, zur Körperfühlsphäre andererseits, in geringerer Ausdehnung auch zur Hörsphäre zeigt. Projectionsfasern können nur in geringer Zahl darin vorhanden sein — und hiermit stimmt auch die pathologische Beobachtung überein, insofern bei oberflächlichen Herderkrankungen dieser Gegend der Thalamus, die innere Kapsel etc. secundäre Degenerationen nicht zeigen.[23]

Hiernach ist kaum ein Zweifel möglich daran, dass die Sinnessphären keineswegs die gesammte Hemisphärenoberfläche einnehmen. Sie bilden nur einen Theil der Grosshirnrinde und berühren sich untereinander nirgends direct.

Bevor ich nun die Consequenzen dieser fundamentalen Thatsache ziehe, habe ich zunächst auf den Functionskreis der Sinnescentren näher einzugehen.

4

II.

In welchem Umfang betheiligen sich die Sinnessphären der Grosshirnrinde an den Erscheinungen des Bewusstseins bezw. den geistigen Vorgängen überhaupt? Kaum zweifelhaft kann es hier sein, dass alles was den Charakter „sinnlicher Schärfe“, der „Sinnenfälligkeit“ an sich trägt, auf ihre Rechnung zu setzen ist, ja vermuthlich ausschliesslich auf ihre Rechnung. Man denke sich die Sinnessphären entfernt, und neben dumpfen unbeschreiblichen Gefühlen werden nur noch Erinnerungsbilder das Bewusstsein bilden, d. h. nur ein Traumleben wird noch denkbar sein.

Mit Zerstörung beider Sehsphären schwindet alles was den Charakter von Gesichtsempfindungen an sich trägt; der Kranke sieht absolut nichts mehr — wenn derartige Individuen gelegentlich noch Gesichtsempfindungen zu haben glauben, so erweisen sich dieselben bei näherer Untersuchung als Phantasiegebilde. Kranke mit doppelseitiger Zerstörung der Hörsphäre sind absolut taub — irgend eine functionelle Substitution der zerstörten Theile in Bezug auf diese Sinnesempfindungen tritt nie ein; es vermittelt beim Menschen nur die Sehsphäre Gesichtsempfindungen, nur die Hörsphäre Gehörsempfindungen. Die specifische Energie der einzelnen Sinne kommt erst durch die corticalen Sinnessphären zur Geltung.[31] Sollten die subcorticalen

Sinnescentren überhaupt irgend etwas dem Bewusstsein
ähnliches vermitteln, so erhebt sich dies nicht nachweislich über dumpfe unlocalisirbare Organempfindungen. Dies gilt wenigstens der klinischen Erfahrung
nach für die höheren Sinne des Menschen!

Bezüglich der Körperfühlsphäre lässt sich allerdings nicht mit Sicherheit in Abrede stellen, dass eine
Substitution ihrer psychischen Leistungen, wenigstens
eines Theiles ihrer Empfindungsqualitäten durch sub-
corticale Centren möglich ist. Man könnte hier u. a.
auch an Substitution durch den Streifenhügel denken,
welcher reiche Abzweigungen von den Bahnen der
hinteren Wurzeln erhält.[32] Es würden zur endgültigen
Feststellung Fälle von totaler Zerstörung beider
Körperfühlsphären mit erhaltener Aeusserungsfähig-
keit für innere Zustände nothwendig sein; diese Forderung enthält aber eine *Contradictio in adjecto* —
ohne Körperfühlsphäre keine Aeusserung intellectueller
Vorgänge. Höchstwahrscheinlich können sich beide
Sphären weitgehend vertreten — wie dies ja auch beim
Gehör der Fall —, sodass selbst bei totalem Mangel
einer Hemisphäre halbseitige Aufhebung der cutanen
und der Organ-Empfindungen nicht deutlich ausgeprägt
ist. Hiermit stimmen auch einzelne Erfahrungen über
weitgehende Vertretungen beider Hemisphären in Bezug
auf die Motilität, die wir früher für unmöglich gehalten
haben würden[33], durchaus überein.

Ist nach dem früher Bemerkten der „wache"-

4 *

Zustand als eine Function der corticalen Sinnessphären
aufzufassen, so handelt es sich hier keineswegs nur um
rein passive Leistungen; vielmehr giebt sich schon in
den reinen Sinneswahrnehmungen, in der Bewusstseins-
spiegelung simultaner Eindrücke eine Arbeit, eine
Thätigkeit des Gehirns kund, welche wir auf die
Sinnessphären zu beziehen haben. Die Verknüpfung
einer Mannigfaltigkeit z. B. von Tastreizen zur Wahrnehmung eines umgrenzten in sich zusammenhängenden
Ganzen, d. h. die Anschauung einer räumlichen Ordnung der Einzeleindrücke ist in erster Linie als eine
Leistung der Tastsphäre anzusehen. Denn mit Erkrankung derselben geht diese Fähigkeit verloren, während die Zerstörung anderer Theile der Rinde sie nicht
nothwendigerweise beeinträchtigt. Werden z. B. die linken
Centralwindungen etwa in der Mitte auch nur partiell
zerstört, so verliert der Kranke die Fähigkeit, die Form
eines beliebigen Gegenstandes lediglich mit Hülfe der
rechten Hand richtig zu erkennen und so den Gegenstand richtig zu bezeichnen, auch wenn er zahlreiche
Einzeleindrücke von dem Object erhält.

Herr WERNICKE, welchem das grosse Verdienst zukommt, auch diese Erscheinung analysirt und localisirt
zu haben[34], ist allerdings zu einer anderen Auffassung
ihrer Wesenheit gelangt. Er führt die fragliche
Störung in erster Linie zurück auf einen Defect des
Erinnerungsvermögens. Erkennt hierbei der Kranke
einen Apfel, einen Kamm u. dgl. Objecte nicht als

solche, so soll ihm das „tactile" Erinnerungsbild des
Apfels, des Kamms verloren gegangen und es ihm des-
halb unmöglich sein, das Object, welches er in der
Hand hält, wiederzuerkennen, zu „identificiren". Herr
WERNICKE weist zum Beleg dafür darauf hin, dass in
den fraglichen Fällen die sensiblen Componenten des
Tastsinns bei Prüfung im Einzelnen keineswegs
immer hochgradige Störungen zeigen, dass also eine
Anomalie des Wahrnehmungsvorganges nicht die wesentlichste Grundlage der Taststörung abgeben könne.
Man finde bei Erkrankung peripherer Nerven viel stärkere Anästhesien des Muskelsinns, des Tastsinns etc.
ohne Aufhebung des stereognostischen Erkennens. Ich
möchte dem gegenüber auf zweierlei hinweisen.

Einmal können wir nicht alle an diesem Erkennen betheiligten Factoren mittelst unserer gebräuch-
lichen Untersuchungsmethoden feststellen; höchst wahrscheinlich spielen dabei auch unbewusste Elemente eine
wie mir scheint nicht unwichtige Rolle.

Noch triftiger als dieser immerhin theoretische
Einwand erscheint mir folgender. Kranke mit der
WERNICKE'schen Taststörung können Objecte mittelst
der Hand nicht nur nicht als Ganzes erkennen; sie
können sie auch nicht im Einzelnen richtig beschreiben; ihre Beschreibung zeigt grosse Lücken in
der Wahrnehmung, viel grössere als man sie nach den
Ergebnissen der Prüfung der Sinnesqualitäten im Einzelnen vermuthen sollte. Da man nun unter normalen

Verhältnissen die Form eines jeden nie vorher ge-
fühlten Gegenstand richtig beschreiben kann, so spielen
hierbei die Erinnerungsbilder ganzer Objecte nur eine
secundäre Rolle. Die Verknüpfung der neben und
nach einander stattfindenden Einzeleindrücke zu einem
einheitlichen Gesammteindruck ist das wesentlichste —
und das gerade leidet wie mir scheint, bei der Wernicke'schen Taststörung. Es handelt sich um eine sensible Coordinationsstörung, eine sensible Ataxie,
vermuthlich in Folge Störung des inneren Zusammen-
hanges, der anatomischen Ordnung innerhalb der Tastsphäre.[35]

Ich glaube mich, mit dieser Deutung, auch keineswegs mit Herrn Wernicke in Widerspruch zu setzen.
Derselbe hat selbst hervorgehoben, dass der Vorgang bei der fraglichen Taststörung „ganz vorurtheils-
los“ dahin präcisirt werden könne, dass die (Object)-
Vorstellungen durch den Vorgang des Tastens nicht
mehr hervorgerufen werden. Diese Fassung kommt,
wie mir scheint, mit meiner Auffassung im wesentlichen
überein. Zur Auslösung einer richtigen Object-Vorstel-
lung bedarf es einer wenigstens theilweise correcten
Ordnung der elementaren Tasteindrücke. Nur so kommt
es associativ zur Auslösung von Erinnerungsbildern,
welche die Lücken im Eindruck ergänzen. In der
Regel wird auch der Name des getasteten Objectes erinnert, und im Anschluss hieran treten von neuem
zahlreiche Erinnerungsbilder objectiver Natur ins Be-

wusstsein. Die Zerstörung der Tastsphäre schneidet
alle diese associativen Vorgänge, welche für die Er-
gänzung der Tasteindrücke von grösster Bedeutung sind,
an der Wurzel ab — aber die Ursache ist psychisch
genommen doch die qualitativ veränderte, die „atac-
tische" Wahrnehmung. Insofern derartige sensible
Ataxien durch Erkrankungen sowohl der Tast- als der
Sehsphäre[37] entstehen, ist der Beweis gegeben, dass
diese letzteren die Einzeleindrücke, welche die peripheren Endorgane gesondert aufnehmen, zusammen-
ordnen zu Anschauungen. Die räumliche Anschauung ist zunächst eine Function der corticalen
Sinnessphären; und dasselbe gilt auch für die Wahrnehmung der zeitlichen Ordnung von Gehörseindrücken,
also von äusseren Vorgängen, wie aus Nachfolgendem
hervorgeht.

Offenbar ist diejenige Form sensorischer Aphasie,
bei welcher die Kranken nach eigener Aussage vorgesprochene Worte nur als „wirres Geräusch" hören
und deshalb nicht verstehen, eine der WERNICKE'schen
Taststörung durchaus entsprechende Form von Hör-
störung. Gerade diese „perceptive" Worttaubheit beruht,
wie die NAUNYN'sche Zusammenstellung zeigt, sofern sie
nicht subcortical bedingt ist, auf einer Läsion der
linken (bei Linkshändern der rechten) Hörsphäre. Auch
hierbei handelt es sich aber wohl nicht, wie WERNICKE
meint, in erster Linie um einen dauernden Verlust
von Wortklang — Erinnerungsbildern, sondern um Un-

fähigkeit, die in einem vorgesprochenen Wort aufeinander folgenden Laute auseinanderzuhalten, die Ton-
intervalle zwischen Sylben und Worten richtig zu unterscheiden. Der Kranke nimmt von vornherein nicht
geordnete Lautcomplexe wahr, sondern ein unentwirr-
bares Chaos von Tönen und Geräuschen. — Wenn
hierbei reine Verletzungen der Hörsphäre vorliegen,
können die Kranken spontan eine grosse Menge Worte
richtig hervorbringen (dergestalt, dass der Unkundige
eine Sprachstörung an ihnen kaum wahrnimmt[36]); es sind
also die Wortklang-Erinnerungsbilder erhalten trotz
Zerstörung der Hörsphäre. — Gerade umgekehrt, wenn
die Umgebung der Hörsphäre zerstört ist und (wie
in dem bekannten Fall HEUBNER's) die Hörsphäre
selbst unversehrt ist. Die Kranken bringen bei dieser
transcortischen sensorischen Aphasie im Sinne
LICHTHEIM's und WERNICKE's spontan äusserst wenig
Worte hervor (amnestische Aphasie der Früheren)
oder es besteht hochgradige Paraphasie; die Kranken
sind aber von Anfang an[38] im Stande, vorgesprochene
Worte richtig nachzusprechen, ein Beweis, dass sie die
Worte richtig gehört haben. Hier ist also die Fähigkeit, die Intervalle zwischen Silben und Worten richtig
wahrzunehmen, erhalten. Wenn sie trotzdem worttaub
sind, so liegt der Grund darin, dass die richtig gehörten
Worte nicht associativ die zugehörigen den „Sinn" aus-
machenden anschaulichen Erinnerungsbilder hervorrufen
(apperceptive[39] Worttaubheit). In natura finden sich

beide Formen selten ganz rein, da in der Mehrzahl
der Fälle die Hörsphäre und ihre Umgebung
mehr weniger zusammen erkrankt sind. Diese
Mischformen sind unbrauchbar für die Entscheidung
der Frage, ob und inwiefern Erkrankungen der Hörsphäre allein (!) Erinnerungsstörungen zur Folge
haben — was WERNICKE ganz übersehen zu haben
scheint.

Die corticale Form der perceptiven Worttaubheit
beruht somit nicht in erster Linie auf Verlust der
Wortklang-Erinnerungsbilder, sie ist höchst wahrscheinlich eine sensorisch-atactische Störung: Die zeitliche
Ordnung der Gehörsempfindungen fehlt.

Sonach sind in den Sinnessphären die wesentlichen
Grundlagen der räumlichen und zeitlichen Anschauung
zu suchen. Die Sinnessphären sind geradezu Organe
der Raum- und Zeitanschauung, letzterer wenigstens
soweit sie sich auf äussere Geschehnisse bezieht.

Zweifellos setzt dies voraus, dass ihren nervösen
Elementen auch eine gewisse Art Gedächtniss zukommt, die Fähigkeit z. B. einen Tasteindruck, einen
Ton so lange in der Erinnerung festzuhalten, bis das
Wort, der Satz zu Ende ist. Inwieweit an diesem
Sinnesgedächtniss[40] stets auch ausserhalb der Sinnessphäre gelegene Elemente betheiligt sind, lässt sich
schwer entscheiden. Vermuthlich werden durch das oft
wiederholte Hören einer Tonfolge auch dauernde Modificationen (Gedächtnissspuren) in der Hörsphäre hervor-

gebracht. Nichts destoweniger erscheinen die Sinnessphären beim Menschen unfähig, grössere Mengen von
Erinnerungsbildern selbständig zu reproduciren. Auch
wird diese Reproductionsfähigkeit weit mehr beeinträchtigt durch Erkrankungen, welche ausserhalb der
Sinnessphären ihren Sitz haben; und was besonders
wichtig, man hat Fälle beobachtet, wo die Reproduction
z. B. von Gesichtseindrücken relativ wenig Noth ge-
litten hatte, obwohl beide Sehsphären zerstört waren.
Insbesondere WILBRAND und NOTHNAGEL haben diese
Thatsache betont und daraus geschlossen, dass optische
Erinnerungsbilder und Gesichtsempfindungen an ge-
trennte Rindengebiete geknüpft sein müssen — ein
Satz, für welchen unter Anderen auch CHARCOT werth-
volles klinisches Beweismaterial beigebracht hat.

Wo liegen nun aber die für die Gedächtnissspuren der Sinneseindrücke besonders wichtigen
Regionen des Grosshirns? Diese Frage führt uns unmittelbar auf die Betrachtung der zwischen und neben
den Sinnessphären gelegenen Rindengebiete. Was haben
diese zu bedeuten?

III.

Die Restgebiete umfassen die vorderen Abschnitte
der ersten und zweiten Stirnwindung, Theile der dritten
und den Gyrus rectus im Stirnhirn, die Insel bis an ihre
Ränder, die erste und zweite Parietal-, die zweite und

dritte Temporalwindung, ausschliesslich des inneren Polus temporalis, den Gyrus occipito-temporalis, die zweite und dritte Occipitalwindung und den Präcuneus fast ganz (vergl. Tafel Figg. 1 u. 2 die nichtpunktirten Flächen).

Alle diese Windungsgebiete entwickeln sich mit Ausnahme des Gyrus subangularis beträchtlich später als die Sinnescentren, sodass noch bei ca. 3 monatlichen Kindern die ersteren durch ihre Armuth an Nervenmark sich scharf von den letzteren unterscheiden. Verfolgt man nun die Markentwickelung in den Zwischenstücken näher, so ergiebt sich, dass Projectionsfasern von irgend erheblicher Menge darin nicht auftreten.[41] Wohl aber wachsen aus den benachbarten Sinnescentren zahllose Associationsfasern (im Sinne Meynert's) in sie herein, wie auch aus der Rinde der Zwischenstücke Associationssysteme hervorgehen und zu näheren und entfernteren Rindenbezirken in Beziehung treten. Insbesondere sind ungemein zahlreiche Balkenfasern also Associationsfasern, welche die Rinde beider Hemisphären verbinden, in ihnen nachweisbar. Diese Associationssysteme gehen aus allen Schichten der Rinde hervor, nicht nur aus den untersten Spindelzellen wie Meynert annahm. Mit Rücksicht auf das absolute Ueberwiegen von Associationssystemen habe ich die Zwischenstücke demgemäss als „Associationscentren" der Grosshirnrinde bezeichnet. Sie verknüpfen indirect die verschiedenen Sinnessphären unter einander dadurch dass (vergl. Tafel Fig. 1 Gegend von $^{+}_{+}^{+}$) von verschiedenen Sinnescentren her Associationsysteme in die Zwischenstücke einmünden — eine Einrichtung, welche meines Erachtens eine „Coagitation" mehrerer Sinnescentren ermöglicht. Gerade in Bezug hierauf nun weiche ich ganz erheblich ab von den Ansichten früherer Autoren, insbesondere MEYNERT's, welcher annahm, dass die Sinnescentren verschiedener Qualität mit einander direct durch zahlreiche Associationssysteme verbunden sind.

Musste diese Auffassung schon insofern recht fragwürdig erscheinen, als in keinem Lehrbuch der Anatomie Associationssysteme dieser Art wirklich dargestellt sind, so glaube ich mich auch durch eigene ausgedehnte Untersuchungen überzeugt zu haben, dass den meisten Faserzügen, welche man bisher als directe Associationssysteme der Sinnescentren aufgefasst hat, wie z. B. der Fasciculus longitudinalis inferior, eine andersartige Bedeutung zukommt.

Es giebt somit meines Erachtens ausgedehnte Rindenbezirke, deren Thätigkeit im Wesentlichen darin besteht, die Erregungszustände verschiedenartiger Sinnessphären zu associiren. Die Ganglien-Zellen dieser Rindengebiete sind Centralorgane u. a. auch der Vorstellungs-Association.

Obwohl es nicht meine Absicht ist, auf diese erst vor kurzem von mir an einem anderen Ort behandelte Frage hier näher einzugehen, so möchte ich doch im Hinblick auf einige später zu betrachtende Thatsachen darauf hinweisen, dass meine Anschauungen sich zwar in erster Linie auf anatomische Befunde stützen, indess auch durch die klinische Beobachtung durchgehends Bestätigung finden.

Dies gilt ganz besonders für jenes grosse Gebiet, welches sich zwischen Tast-, Seh- und Hörsphäre ausdehnt und welches ich in Verbindung mit den sich angliedernden Windungen des Schläfenlappens als parieto-occipito-temporales oder hinteres grosses Associationscentrum bezeichnet habe (vergl. Tafel).

Zerstörungen im Bereich dieser Rindenabschnitte setzen weder perceptive Taubheit und Blindheit, noch tactile Anästhesie, sofern nicht die angrenzenden Sinnessphären oder ihre sensiblen Leitungen beeinträchtigt werden. Hingegen finden sich klinische Erscheinungen anderer Art wie Seelenblindheit, Seelentaubheit, Seelen-Gefühllosigkeit, insgesammt gelegentlich das Bild der Apraxie oder Agnosie (FREUD) eventuell tiefen „Blödsinn mit Incohärenz" ergebend, ferner Schwächung der visuellen Einbildungskraft (v. MONAKOW), Unfähigkeit, sich früher wohlbekannte Melodien ins Bewusstsein zu rufen — endlich bei Verletzungen speciell der die Sprache vermittelnden, also meist der linken Hemisphäre Symptome wie sensorische (optische) Alexie, optische Aphasie, (amnestische Farbenblindheit WILBRAND), apperceptive (transcorticale) Worttaubheit, verbale Paraphasie, sensorisch-amnestische Aphasie (Unfähigkeit zu, dem Bewusstsein vorschwebenden ideellen Vor-

stellungen die entsprechenden Wortklangbilder zu finden). Es handelt sich also um ein Gemisch von Ge-
dächtniss- und Associationsstörungen. Das Erinnerungs-
vermögen leidet einestheils in dem Maasse, als die
associative Auslösung der Vorstellungen gestört ist, und
vermuthlich überdies in Form einer dauernden Ver-
nichtung von Gedächtnissspuren. Auf Grund aller dieser
klinischen Erfahrungen ergiebt sich als Functionskreis
des hinteren grossen Associationscentrums die Bildung
und das Sammeln von Vorstellungen äusserer Objecte
und von Wortklangbildern, die Verknüpfung derselben
unter einander, mithin das eigentliche positive Wissen,
nicht minder die phantastische Verstellungsthätigkeit,
die Vorbereitung der Rede nach Gedankeninhalt und
sprachlicher Formung u. dgl. m. — kurz die wesent-
lichsten Bestandtheile dessen, was die Sprache speciell
als „Geist"[12] bezeichnet.

Was die Insel anlangt, so verknüpft ihre Rinde
den anatomischen Befunden nach sämmtliche um die
Fossa Sylvii gelegene Windungsbezirke untereinander.
Dieselben gehören theils der Körperfühlsphäre (insbesondere der Region für die Sprachorgane), theils der
Hörsphäre, theils der Riechsphäre an, so dass auch
hier die Bezeichnung „Associationscentrum" hinreichend
gerechtfertigt sein dürfte.

Theilweise anders verhält sich vielleicht das
präfrontale Gebiet. Obwohl zweifellos auch dieser
Rindenbezirk zwischen verschiedenwerthige Sinnes-

sphären eingeschoben ist, insofern sein basaler Theil
hinten und innen von der Riechsphäre (Schmecksphäre?)
die convexe und innere Fläche von der Körperfühlsphäre
begrenzt wird, ist es höchst unwahrscheinlich, dass
er im Wesentlichen nur der Association von Gefühls-
und Geruchs-Eindrücken dient, da der Riechsinn beim
Menschen ja relativ sehr wenig, das Stirnhirn im Maxi-
mum [13] entwickelt ist. Zweifellos steht das frontale Associationscentrum in nächster Beziehung zur Körperfühlsphäre; es lassen sich aus allen Theilen derselben
Fasern in das Stirnhirn verfolgen, so dass diesem
Gedächtnissspuren aller bewussten körperlichen Erleb-
nisse insbesondere auch aller Willensakte sich einprägen
können. Doch stösst die erschöpfende Klarlegung der
Functionen des Stirnhirns vorläufig noch auf grosse
Schwierigkeiten. Thatsache scheint, dass das positive
Wissen nicht unmittelbar leidet, wenn das Stirnhirn
zerstört wird — wohl aber die zweckmässige Verwer-
thung desselben, indem eventuell eine vollständige Interesselosigkeit [14], ein Hinwegfall aller persönlichen An-
theilnahme an inneren und äusseren Vorgängen sich
geltend macht. Insofern hiermit eine Herabsetzung
aller persönlichen Bethätigungen, der activen Aufmerksamkeit, des „Nachdenkens“ u. dgl. m. einhergeht, gewinnt es den Eindruck, dass das frontale Centrum in
hervorragender Weise an dem Gefühle und Willensakte
vorstellenden, dem aus sich heraus hemmend und an-
regend wirkenden Ich betheiligt ist — um so mehr als

partielle Läsionen des Stirnhirns nicht gar selten von
eigenartigen Veränderungen des Charakters[45] begleitet
sind. Immerhin wird man noch weitere klinische Erfahrungen abzuwarten haben, bevor man ein abschliessen-
des Urtheil zu fällen sucht, insbesondere auch darüber,
ob der Functionskreis des Stirnhirns von dem des hinteren grossen Associationscentrums, zum Theil wenigstens, essentiell verschieden ist.[43]

IV.

Schon nach dem bisher Bemerkten kann es kaum
einem Zweifel unterliegen, dass die Gliederung, welche
wir im Gefüge des „Geistes" introspectiv wahrzunehmen vermögen, in deutlichen Beziehungen steht zu
keineswegs transcendenten, dem anatomischen Verständniss durchaus zugänglichen Bauverhältnissen des Gehirns,
aus welchen wir das seelische Geschehen weitgehend
reconstruiren und objectiv ableiten können — und dieser
durchgehende Parallelismus tritt um so deutlicher hervor, je weiter wir in den Bauplan des Seelenorgans
eindringen.

Die Zeit gestattet mir es leider nicht, auch wichtige
Thatsachen der Elementarstructur der Hirnrinde
hier näher zu berühren. Nur das möchte ich im Hinblick auf einige mir gemachte Einwände[42] hervorheben,
dass die Sinnescentren zweifellos in Bezug auf die Anordnung, zum Theil auch in Hinsicht der Form ihrer

nervösen Elemente in charakteristischer Weise sich
unterscheiden. Ein einigermassen geübter Beobachter
wird einen mikroskopischen Schnitt aus der Rinde des
mittleren Gyrus fornicatus ohne weiteres sicher erkennen
und von Schnitten z. B. aus der Sehsphäre, der Hörsphäre etc. sofort unterscheiden. Insofern auch in den
neuesten Hand- und Lehrbüchern die Thatsachen nicht
gewürdigt sind, möchte ich hier nur zweierlei besonders
hervorheben, einmal dass im Gyrus fornicatus sich eine
eigenartige Zellenform findet, grosse Spindelzellen (Riesenspindeln, WILHELM Freiherr v. BRANCA), wie ich sie
sonst in der Rinde nirgends wahrzunehmen vermochte —
und ferner dass die Sinnessphären durch einen auf-
fallend grossen Gehalt an intracorticalen[16] Associationsfasern vor den Associationscentren sich aus-
zeichnen, dergestalt, dass dort schon für das blosse Auge
bald auf der Oberfläche (Gyrus uncinatus, Körperfühlsphäre) die Tangentialfaserschicht, bald (VICQ D'AZYR'schen
Streifen der Sehsphäre) in der Tiefe eine weisse Mark-
schicht deutlich hervortritt. Inwiefern diese Einrichtung
zu der oben erwähnten „Coordination" der elementaren
Empfindungen zu Wahrnehmungen in Beziehung steht,
erscheint wohl einer Prüfung werth.

Auch sonst bietet die Vergleichung der einzelnen
Sinnessphären noch mancherlei hochinteressante Ge-
sichtspunkte; dies betrifft insbesondere ihre Flächen-
ausdehnung und relative Lage. Die Körperfühlsphäre
erweist sich hier als die weitaus wichtigste; sie über-

trifft alle anderen zusammen an Ausdehnung und liegt
im Centrum der gesammten Rindenorganisation, um die
„Centralfurche", während die Sehsphäre z. B. ex-
centrisch gelagert ist. Die Körperfühlsphäre bildet aber
nicht nur äusserlich, sondern auch durch ihre associativen
Beziehungen den eigentlichen Mittelpunkt des Seelenorgans. Sie ist unendlich viel reicher an Associationssystemen als die übrigen Sinnessphären.
Die Hör- und Sehsphäre hängen in der Hauptsache
nur mit benachbarten Windungen direct zusammen.
Lange Associationsbahnen gehen von ihnen nach meinen
bisherigen Untersuchungen nicht oder höchstens in geringer Anzahl aus. Demgemäss ist jede dieser Sphären
umgeben von einem Rindenbezirk, welchen ich kurz als
„Randzone"[17] bezeichnen will, in welchen zahllose Associationsfasern je der betr. Sinnessphäre eindringen. Bei
der Hörsphäre wird die Randzone gebildet von Insel,
Gyrus supramarginalis, der zweiten und dem vordern
Abschnitt der ersten Schläfenwindung, bei der Sehsphäre
von der zweiten und dritten Occipitalwindung, einem
Theil des Präcuneus und dem Gyrus occipito-temporalis.
Auch die Körperfühlsphäre hat eine solche Randzone,
aber sie sendet überdiess mitten in die Centralgebiete der grossen Associationscentren ungemein zahlreiche lange Faserzüge: Insbesondere
verläuft ein mächtiges Bündel von den Centralwindungen
nach hinten in die Centralgebiete des hinteren grossen
Associationscentrum (vergl. Tafel Fig. 1) an die Aussen-

fläche des Scheitellappens, an die Aussenfläche und die Basis des Schläfenlappens, welches sich durch seine ungemein späte Entwickelung von allen anderen Faserzügen des Grosshirnmarkes sondert, also muthmasslich seiner Function nach die höchste Rangstufe (willkürliche oder affective Auslösung von Vorstellungen? [18]) einnimmt. Es deckt sich zum Theil mit dem Fasciculus arcuatus, wie ihn MEYNERT dargestellt hat. Insofern die Centralwindungen nach vorn mit dem Stirncentrum, nach unten mit der Inselrinde zusammenhängen, laufen in der Körperfühlsphäre Leitungen man kann sagen aus der gesammten Rinde zusammen, da die Centralgebiete (Centralneurone) der Associationscentren ihrerseits wieder mit den Randzonen der Sinnessphären auf das innigste verknüpft sind (vergl. Tafel Fig. 1 $^{+}_{+}{}^{+}$).

Hiernach wird es begreiflich, dass die Körperfühlsphäre für den Wachzustand [19] die weitaus grösste Bedeutung hat. Von da aus kann offenbar die Rinde in grosser Ausdehnung erregt, vermuthlich auch (wie klinische Erfahrungen zeigen) in ihrer Thätigkeit gehemmt werden. [48]) Durch Vermittlung der Körperfühlsphäre wirken vielleicht auch Stirnhirn und hinteres grosses Centrum aufeinander, wofür u. a. auch spricht, dass directe associative Verbindungen zwischen beiden Centren nicht in irgend erheblicher Menge nachweisbar sind.

Diese ausgeprägte Centralisation [50] des Seelenorgans wird ohne Weiteres verständlich, wenn man die functionellen Leistungen der Körperfühlsphäre näher ins

Auge fasst. Sie ist die unentbehrliche Voraussetzung
für die Bildung der Ich-Vorstellung, welche sich ja in
erster Linie auf den Eindrücken der hinteren Wurzeln
aufbaut. Damit ist die Körperfühlsphäre auch die einzige
für die geistige Entwickelung absolut unentbehrliche
Sinnessphäre. Ohne sie ist die Herausbildung einer
geistigen Persönlichkeit undenkbar, während die Sehsphäre, die Hörsphäre und die Riechsphäre nicht nur
jede für sich sondern allesammt (wenigstens functionell)
ausfallen können, ohne dass die Erreichung selbst einer
relativ guten geistigen Leistungsfähigkeit hierdurch aus-
geschlossen wird, wie das Beispiel von LAURA BRIDGEMAN
deutlich darthut.

Hiernach gewinnt aber auch die Entwickelungs-
folge der Sinnessphären ein erneutes Interesse. Indem
das System Nr. 1 der Körperfühlsphäre allen anderen
vorauseilt[51], erhält der Fötus zunächst nur Eindrücke
aus dem eigenen Körper und erst an diese gliedern
sich secundär die Eindrücke der äusseren Sinne an —
als ein Appendix, nicht als von vornherein gleichwerthige
Factoren. Hiernach herrscht von vornherein nicht
Ebenbürtigkeit unter den Sinnessphären, sondern ein
Subordinationsverhältniss. Nicht die Republik, sondern
die Monarchie ist in der Organisation des Seelenorgans verwirklicht. — Der Körperfühlsphäre fällt von
Anfang an die Führung zu, und sie behält sie als
Hauptträger des Selbstbewusstseins auch durch das
ganze Leben hindurch — zumal aus, ihr auch alle

für das „Handeln" wichtigen motorischen Leitungen hervorgehen.

Demgemäss gehen auch ausgedehnte Erkrankungen
beider Körperfühlsphären mit einer weit intensiveren
Schädigung der Intelligenz einher, als man auf den
ersten Blick erwarten sollte: vermuthlich kommt es
schon hierdurch zu einer besonderen Form von „Geistes-
zerrüttung".[35]

Ich bin am Schluss! Ich hoffe Sie werden den
Eindruck gewonnen haben, dass Anatomie und Entwickelungsgeschichte des Gehirns uns im weitesten
Maasse die Aussicht auf eine natürliche Seelenlehre er-
öffnen. Die Entwickelungsgeschichte würde sich aber
bei weitem nicht so leistungsfähig erweisen, wenn es
nicht dank den Fortschritten der histologischen Technik
gelungen wäre, die successive Bildung der Markscheiden
in allen ihren Einzelheiten zu verfolgen. Ich erfülle
demgemäss nur eine Pflicht der Dankbarkeit, wenn ich
darauf hinweise, dass insbesondere Herr CARL WEIGERT
durch seine Hämatoxylinfärbung sich auf diesem Gebiete unvergängliche Verdienste erworben hat.

Anmerkungen.

[1] Vergl. die Vorrede.

[2] Vergl. Anm. 42.

[3] Deutliche Aeusserungen von Lust nicht! GOLTZ berichtet nur von einem gewissen Behagen seines grosshirnlosen Hundes nach Stillung des Nahrungsbedürfnisses. Neugeborene zeigen deutliche Lustgefühle viel später als Unlustgefühle (vergl. PREYER: Die Seele des Kindes).

[4] Der Bewusstseinszustand der fraglichen Wesen lässt sich nur vermuthungsweise erschliessen; unzweideutige Aufschlüsse sind nicht zu erlangen.

[5] Vergl. Anm. 31 und 42 am Schluss.

[6] Ich lege ganz besonderes Gewicht auf die Vergleichung; – vergl. Anm. 23.

[7] Ich kann nur bedauern, dass so wenige Verfasser von Lehrbüchern sich es angelegen sein lassen, die fraglichen Bilder aus eigener Anschauung kennen zu lernen.

[8] Der „laterale“ Kern des Sehhügels in dem hier gebrauchten Sinn umfasst v. MONAKOW's ventrale Kerngruppen ausser ventr. b. (mein schalenförmiger Körper), seinen hinteren Kern und den basalen Theil seines lateralen Kerns, äussere Abtheilung. Den dorsalen Theil und die mediale Abtheilung des „lateralen“ Kerns v. MONAKOW's rechne ich noch zum inneren Kern bezw. zur dorso-medialen Kerngruppe (s. o. S. 31).

[9] Ich kann mit meiner Methode nicht direct feststellen, inwieweit diese Fasern im lateralen Kern entspringen oder endigen. Ich kann nur ein nicht völlig zuverlässiges Kriterium allgemeiner Art verwerthen, nämlich die relativ frühzeitige Entstehung.

Die corticofugalen Fasern des Sehhügels entstehen im allgemeinen
später — indess gerade dem in Rede stehenden Bündel gegenüber nur unwesentlich später. Es ist somit wohl möglich, dass
gerade letzteres theilweise (meist?) corticofugal leitet, zumal es im
Sehhügel bis zur Grenze der dorso-medialen Kerngruppe aufsteigt
und Begleitfasern sicher in letztere eindringen.

[10] v. Monakow lässt das *centre médian* mit der dritten
Stirnwindung zusammenhängen. Die Stabkranzbündel des ersteren
entwickeln sich aber früher als die der letzteren. v. Monakow
unterscheidet übrigens nicht wie ich corticofugale Leitungen
im Stabkranz des Thalamus; hierdurch wird seine Schilderung
viel summarischer als die meine, und es entstehen scheinbare
Widersprüche. Die Unhaltbarkeit der Ansicht v. Monakow's
dass alle Stabkranzbündel des Sehhügels corticopetal leiten,
hat v. Kölliker eingehend dargethan (vergl. Anm. 19).

[11] Der unter dem Fuss der ersten Stirnwindung gelegene
Theil des Gyrus fornicatus steht also mit zwei, anscheinend
sensiblen Systemen der inneren Kapsel (hinteren Wurzeln in
Verbindung und ist überhaupt viel reicher an Projectionsfasern
als die anderen Theile. Beziehungen zum vorderen Kern hat
zuerst v. Monakow angegeben; hierbei handelt es sich wohl um
Faserbündel, welche ohne Umwege zu machen, direct verlaufen
und corticofugal leiten.

[12] Auch Theile des hinteren Längsbündels gehen in die
ventro-laterale Kerngruppe des Sehhügels über. Insofern nach
Held nicht nur der Trigeminus, sondern auch der Vestibularis
Fasern in dieses Bündel schicken, könnte hier u. a. auch an eine
corticopetale Bahn des Vestibularis gedacht werden. Stärkere centrale Bahnen des letzteren verlaufen in der Formatio reticularis,
mit centralen Leitungen des Trigeminus, Glossopharyngeus etc.
unweit dem Boden der Rautengrube und lassen sich zum Theil
bis in Fussschleife und Linsenkern verfolgen. Der Rest
verläuft mit der Haubenschleife, so dass höchstwahrscheinlich

sowohl die Nerven. der Bogengänge, als die Geschmacksnerven
mit der Körperfühlsphäre in Verbindung treten.

[13] Wir haben bei unseren ersten Untersuchungen (Neurolog.
Centralbl. Nr. 14, 1890, Arch. f. Psych., Bd. XXIV) die Degeneration der fraglichen Sehhügelzellen nicht wahrgenommen,
weil dieselben ohne Hinterlassung irgend welcher Spuren geschwunden waren. Erst nachdem ich am Fötus die Ganglienzellen-
gruppe kennen gelernt hatte, an welcher die Hauptschleife zum
grössten Theil endet, habe ich mich überzeugt, dass speciell das
Ursprungsgebiet des fötalen Systems Nr. 1 vollständig fehlt.
Das Vorhandensein eines Zellenschwundes hatte indess Hösel
bereits vorher richtig erkannt. In seiner diesbezüglichen Mittheilung nähert es sich dem von Mahaim und v. Monakow ein-
genommenen, theilweise richtigeren Standpunkt. In der Hauptsache bestehen sonach Differenzen bezüglich der Schleifen-
Endigung im Sehhügel nicht mehr. Nur muss ich nach meinen
Präparaten daran festhalten, dass ein Theil der Hauptschleife
direct in die innere Kapsel übergeht (directe Rinden-
schleife).

[14] Dass (beim Menschen!) die Hauptschleife hauptsächlich mit den Centralwindungen in Zusammenhang steht,
halte ich für eine der sichersten Errungenschaften der Anatomie.
In dem von Hösel und mir beschriebenen Fall war nur die
„Fussschleife" intact, welche zum grössten Theil im Globus
pallidus des Linsenkerns endet und vielleicht indirect mit der
unteren Hälfte der vorderen Centralwindung sich verbindet.

[15] Die dritte Stirnwindung gehört zum grösseren Theil zum
frontalen Associationscentrum (s. u.); demgemäss zeigt sie auch
in Bezug auf die Rindenstruktur an den meisten Orten den ge-
wöhnlichen fünfschichtigen (insbesondere durch die vierte Schicht
kleinster Pyramiden ausgezeichneten) Typus wie es bei Hammarberg (Taf. I, Fig. 3, 4) richtig dargestellt ist. Jedenfalls fällt
sie wie auch die untersten Abschnitte der Centralwindungen in ein

Uebergangsgebiet, welches einen besonders charakteristischen Bau nicht erkennen lässt — vergl. Anm. 42.

[16] Neurolog. Centralblatt von Mendel 1892 Nr. 5.

[17] Vielleicht sogar noch Theile der Sehsphäre umfassend.

[18] Meiner Fussschleife entspricht als motorisches Correlat wenigstens theilweise die „mediale" Schleife, welche in der Brücke endet.

[19] Es handelt sich hier um Schlüsse aus der Verzweigungsweise der Stabkranzfasern im Sehhügel — vergl. hierüber v. Kölliker (Gewebelehre, 6. Aufl., II. Bd. § 169), wo die Frage eingehend behandelt ist. Beachtenswerth ist, dass Theile der dorso-medialen Kerngruppe bei Rindenzerstörung rascher degeneriren, als die Zellen der ventro-lateralen — was sich leicht erklärt, wenn man annimmt, dass erstere von der Rinde, letztere von subthalamischen Leitungen her erregt werden. (v. Monakow Arch. f. Psych. Bd 27 S. 425 Anm. ××).

[20] Hier ist nach meinen neueren Untersuchungen vor allem an die centrale Haubenbahn zu denken, welche ich früher irrthümlich aus dem Linsenkern abgeleitet habe; ferner an Fasern, welche vom Thalamus in das centrale Höhlengrau der Vierhügel und der Rautengrube (Vagus-Kern etc.) gelangen.

[21] Die Uebertragung affectiver Erregungen, welche im Anschluss an irgend welche Ideen entstehen, auf die Körperorgane wird nach einer weitverbreiteten Ansicht durch den Sehhügel vermittelt. Vom anatomischen Standpunkt aus betrachtet ist diese Hypothese nicht unannehmbar. Welche Bahnen aber die affective Erregung von der Rinde zu dem Sehhügel leiten, ist noch unbekannt. Am nächsten liegt es auch hier an die Bahnen von der Körperfühlsphäre zur dorso-medialen Kerngruppe zu denken. Die reichen Beziehungen letzterer (s. Anm. 20) zum centralen Höhlengrau sind von diesem Gesichtspunkt aus betrachtet von grossem Interesse.

[22] Auf der Tafel Fig. 2 ist in Folge einer falschen Ver-

kürzung der untere Rand der Sehsphäre nicht richtig dargestellt. Es sollte in letztere die gesammte Basis des Lobulus lingualis einbezogen sein.

²³ Ich muss dies besonders Herrn von Monakow gegenüber betonen, der in seinen experimentellen und pathologisch-anatomischen Untersuchungen über die Haubenregion etc. (Arch. für Psychiatrie Bd. XIV, XVI, XXIII, XXV und XXVII) auch über secundäre Degenerationen im menschlichen Gehirn berichtet und neben wichtigen Befunden, deren Zuverlässigkeit ich durchaus anerkenne, eine Anzahl Meinungen über die corticale Ausbreitung des Projectionssystems kundgiebt, welche keineswegs thatsächlich begründet, zum Theil nachweisbar falsch sind. Es beruht dies zum Theil darauf, dass das wirklich brauchbare d. h. unzweideutige Aufschlüsse ergebende Untersuchungsmaterial, auf Grund dessen v. Monakow Beziehungen des Thalamus fast zur gesammten Hirnrinde annimmt, durchaus ungenügend ist. Er verfügt über nicht mehr als vier insgesammt kaum ein Sechstel der Rinde betreffende Fälle, bei welchen Erkrankungen von Windungen ohne ausgedehnte Läsionen tieferer Markmassen vorliegen (Die Fälle 1, 2, 10, 11 der Tabelle S. 420, Arch. f. Psych., Bd. XXVII). In den Fällen 3—6 und 9 sind im Wesentlichen tiefliegende Markmassen, theilweise auch die Grosshirnganglien und die innere Kapsel primär erkrankt, in zwei Fällen (2 und 8) Windungen und letztere Theile zusammen. Die ersten vier Fälle ergeben im Wesentlichen Aufschlüsse welche sich mit meinen Anschauungen über die Verbreitung des Projectionssystems, insbesondere der Sinnesleitungen decken. Auffallender Weise hat v. Monakow in seine Tabelle eine wichtige Beobachtung nicht aufgenommen, nämlich die im Wesentlichen auf Oberflächengebiete beschränkte Erkrankung der linken Hemisphäre in Fall 1 der Tabelle, welche nicht nur in pathologisch-anatomischer Hinsicht sondern auch klinisch recht interessant ist. Hier ist ein beträchtlicher Theil meines hinteren

grossen Associationscentrums erweicht, welcher die zweite und
dritte Temporalwindung, zweite und dritte Occipitalwindung in
beträchtlicher Ausdehnung und unter anderem auch meinen Gyrus
subangularis umfasst. Secundäre Degenerationen im Thalamus
und der inneren Kapsel, also von Projectionsfasern überhaupt
konnte v. Monakow hier nicht nachweisen; dagegen waren
ausgeprägte Associationsstörungen vorhanden wie ich sie für das
hintere grosse Associationscentrum für charakteristisch halte,
(apperceptive Worttaubheit und Seelenblindheit bei „erhaltener
Theilnahme für die Mitmenschen" also „intactem Gemüth", — was
ich hervorhebe, weil ich genau dasselbe beobachtet habe
bei doppelseitiger Erkrankung des hinteren grossen Associationscentrums neben völliger Intaktheit der vorderen Hirnhälfte). Trotzdem schliesst v. Monakow auf Grund viel complicirterer und viel
schwerer zu deutender Fälle, dass gerade die betreffenden Theile
der Schläfenwindungen mit dem hinteren Sehhügelkern zusammenhängen. Es handelt sich hier thatsächlich um eine reine Ver-
muthung, und dasselbe gilt für vermeintliche Beziehungen der
Inselrinde zum Nucleus ventralis c, des Gyrus supramarginalis
zu ventralis b, der basalen Temporalwindungen zum Nucleus
lateralis. Die zum Beweis angezogenen Fälle sind so complicirt,
dass die Aufstellung derartiger Beziehungen geradezu willkürlich
erscheint. Im Fall 5, welchen v. Monakow als Erweichungsherd
im Gyrus angularis und Präcuneus bezeichnet und aus welchem er
den Schluss zieht, dass der Gyrus angularis, wie überhaupt die
äusseren Windungen des Hinterhauptslappens zur Sehsphäre gehören, liegt eine ausgedehnte primäre Zerstörung nicht nur der
Sehstrahlung aus den inneren Windungen des Hinterhauptslappens (v. Monakow bezeichnet sie zum Theil irrthümlich als
Fasciculus longitudinalis inferior), sondern auch des Stabkranzes
der hinteren Centralwindung (daher auch Hemiparese vorhanden!)
vor, während der Gyrus angularis in der Hauptsache intact ist
Wie v. Monakow bei alledem zu dem Ausspruche kommt, dass

seine Ergebnisse mit denen Vialet's gut harmoniren, bleibt ein
Räthsel, da Vialet v. Monakow's Ansichten bekämpft und die
Sehsphäre auf Grund secundärer Degenerationen so abgrenzt
wie ich es thue auf Grund der Entwickelungsverhältnisse.

Die meisten dieser schwerwiegenden Irrthümer v. Monakow's
beruhen darauf, dass er den Verlauf der Projectionsfasern im
Grosshirnmark insbesondere auch die schlingenförmigen Um-
biegungen zahlreicher dieser Bündel im Stirn- und Scheitellappen
nicht kennt wie sie Fig. 1 (S. 18) bei ✛ und ⧻ dargestellt sind.
Diese Schlingenbildung findet sich speciell im Bereich der
Associationscentren, da wo der Balken besonders mächtig ist;
die Entwickelung dieses letzteren ist vermuthlich die Hauptursache
der Schlingenbildung, indem er beim Wachsen die schon vorher
vorhandenen Projectionsfasern vor sich her treibt. Zu welchen
Täuschungen über die Rindenursprünge von Projectionsfasern
man so kommen kann, lehrt ein weiterer Blick auf Fig. 1 S. 18.
Wenn ein Herd bei ✛ oder ⧻ sitzt, so zerstört er Fasern, die
scheinbar von den Punkten ⊕ ⊕ und ⊖ der Rinde kommen, in
Wirklichkeit von weit entfernten. Auch zerstören Herde bei ✛
Fasern der Sehstrahlung, welche vom Punkt ○ des Cuneus zum
Thalamus verlaufen, so dass die Täuschung entsteht, die Scheitel-
windungen besitzen Projectionsfasern, während solche in Wirklichkeit nur durch das Mark des Scheitellappens in grosser Menge
hindurchziehen. Wenn die genannten Fehlerquellen nicht gewürdigt werden, ergiebt die Türk'sche Methode irreführende
Resultate, und v. Monakow ist weit entfernt davon sie zu würdigen.
Es gelingt dies überhaupt nicht, sofern man nur die secundären
Degenerationen zur Erforschung des Faserverlaufs benützt; denn
es würde hier eines unendlich grossen Materials bedürfen, um zu
unzweideutigen Aufschlüssen zu gelangen.

Hiernach ist die Annahme v. Monakow's, der Umfang der
corticalen Sinnessphären sei grösser, als ich angebe, unbegründet.
Selbst wenn die dorso-mediale Kerngruppe des Sehhügels und

der äussere Theil des Hirnschenkelfusses mit grösseren Rinden-
gebieten zusammenhängen sollten, als ich abgebildet habe, so
würde hieraus keineswegs ohne Weiteres auf einen grösseren Umfang speciell der Sinnessphären geschlossen werden dürfen, da
hierfür ein thatsächlicher Beweis nicht vorliegt — insbesondere
auch nicht seitens der klinischen Beobachtung. Bei der grossen
Ausdehnung der Rindengebiete, welche zwischen den
Sinnescentren eingeschaltet sind, würde mein Eintheil-
lungsprincip auch nicht erschüttert sein, wenn hier oder
da die Grenze einer Sinnessphäre um 1 - 2 cm hinaus-
geschoben werden müsste. Gerade das Gegentheil ist
aber wenigstens für einzelne Stellen wahrscheinlicher.

Im Uebrigen darf ich wohl auch darauf hinweisen, dass
ich selbst früher auf meinen Hirnplänen alle Rindengebiete
mit Projectionsfasern ausgestattet habe. Es geschah dies aber
lediglich auf Grund ungenügender Methoden, insbesondere ma-
kroskopischer (!) Bilder aus dem kindlichen Gehirn und in
v. Monakow's Weise unkritisch verwertheter secundärer Degenerationen und klinischer Beobachtungen. So habe ich
früher im Scheitellappen das Centrum der cutanen Sensibilität
gesucht, indem ich die in dem Sulcus postcentralis gelegene
hintere Grenze des corticalen Gebietes von System 1 nicht kannte.
Ferrier hat demgemäss auch mit Recht die Unzulänglichkeit meiner
damaligen anatomischen Anschauungen hervorgehoben. Ich bin
erst durch die Herstellung lückenloser gut gefärbter Schnittreihen
aus zahlreichen Gehirnen in den Stand gesetzt worden, den Verlauf aller sensiblen Systeme der inneren Kapsel zu überblicken
und constatire gern, dass diese meine neueren anatomischen
Untersuchungen den von den englischen Experimentatoren schon
früher ausgesprochenen Anschauungen durchaus entsprechen.

Die Einwände, welche v. Monakow auf Grund von Experimenten an niederen Säugern gegen meine Abgrenzung
der Sinnessphären vorgebracht hat, sind schon insofern hinfällig,

als das Thier Besonderheiten zeigt gegenüber dem Menschen.
Sowenig man aus der Thatsache, dass die Katze eine artikulirte
Sprache nicht besitzt, schliessen darf, dass auch der Mensch
sprachlos ist, sowenig darf man aus der Kleinheit der Associationscentren bei der Katze schliessen, dass auch der Mensch solch'
kleine Centren besitzt. Selbst wenn v. Monakow's Angaben für
die von ihm untersuchten Thiere gelten sollten (?), würden sie
hiedurch für den Menschen nicht ohne Weiteres Geltung
erlangen, und die Vergleichung beider an der Hand zuver-
lässiger Methoden liefert denn auch entscheidende Be-
weise dafür, dass v. Monakow theilweise zu durchaus
falschen Anschauungen über das corticale Projections-
system des Menschen gelangt ist.

[24] Vialet: Les centres cérébraux de la vision et l'appareil
intracérébral. Paris, 1893.

[25] u. [27] Verhandlg. des Congresses für innere Medicin 1887.

[26] Fälle von Alexie ohne Hemianopsie. Vielleicht ist die
Einengung des Gesichtsfeldes bei Läsionen des Gyrus angularis
(gekreuzte Amblyopie Gowers) Folge eines Druckes auf die Sehstrahlung (Erhöhung des Leitungswiderstandes?)

[28] Arch. f. Psych. Bd. XXVII S. 428 f.

[29] Vielleicht kommt hier auch der Nucleus caudatus in
Betracht. Einzelne Fasern der Türk'schen Bündel (Meynert)
treten sicher in denselben ein; ich konnte aber noch nicht feststellen, ob sie wirklich hier entspringen.

[30] Das Tapetum ist nicht einfache Balkenausstrahlung; es
enthält auch Associationssysteme, welche nicht die Mittellinie
überschreiten — weshalb es auch bei vollständigem Balkenmangel
theilweise erhalten bleibt.

[31] Ich habe bereits an einem anderen Ort (Gehirn und
Seele 2. Aufl.) darauf hingewiesen, dass die specifische Energie
der Sinnesnerven wahrscheinlich zum Theil auch von primären
Eigenschaften der corticalen Sinnessphären abhängt, da letztere

(besonders die des Geruchs und Gesichts) einen besonderen Bau zeigen. — Vergl. Anm. 42 am Schluss.

[32] Vergl. Fig. 2 o K die Theilung der oberen Kleinhirnstiele in eine Sehhügel- und Linsenkernbahn. Das gleiche gilt auch für die Schleife und andere Bündel der Grosshirnschenkelhaube.

[33] v. Monakow, Arch. f. Psych. Bd. XXVII. S. 386 f.

[34] Arbeit. aus der psychiatr. Klinik zu Breslau. Heft II. S. 35 f.

[35] Man könnte vielleicht sagen: „die Anordnung der elementaren Tasteindrücke im Bewusstsein" ist gestört — freilich eine Ausdrucksweise, welche den Zorn der introspectiven Psychologen erregen dürfte. Bei Erkrankung peripherer Nerven ohne Abnormitäten der Tastsphäre kommen zwar weniger Einzeleindrücke eines betasteten Objects zum Bewusstsein — aber sie stehen eventuell zu einander in richtigen Beziehungen. Stellt man sich vor, dass um die Centralfurche ein Tableau ausgebreitet ist, in welchem jedem peripheren Nervengebiet ein bestimmter Abschnitt zugeordnet ist, so wirkt eine Aufhebung der inneren Ordnung in jenem centralen Tableau stärker verwirrend auf die räumliche Anschauung, als der Ausfall selbst zahlreicher peripherer Leitungen. Es handelt sich hier wie leicht ersichtlich um eine Frage der fundamentalsten Art. Man denke nur an die Consequenzen in psycho-pathologischer Hinsicht! Welche Verwirrung im Wahrnehmungsvorgang muss schon eintreten, wenn die nervösen Elemente der Sinnessphären ungleich erregbar, wenn sie theilweise leitungsunfähig werden z. B. durch Gifte. Diese Incohärenz muss einen wesentlich anderen Charakter zeigen als z. B die Verworrenheit durch primäre Erkrankung meines grossen hinteren Associations-Centrums u. a.

[36] Vergl. die Discussion zu Naunyn's Vortrag, Verhandl. des Cong. f. i. Med. 1887 S. 165 Hitzig's Bemerkungen.

[37] „Seelenblindheit" in Folge miliarer Herde in der Sehsphäre — in Wirklichkeit eine perceptive Sehstörung, also am besten perceptive Seelenblindheit zu nennen!

³⁵ Es beruht hier also das richtige Hören der Worte nicht auf einer allmählichen Einübung der gesunden Hörsphäre. Eine solche Einübung ist aber für zahlreiche in Heilung ausgehende Fälle anzunehmen. — Vermuthlich giebt es eine analoge Störung im Bereich der Erinnerungsbilder in Folge einer Erkrankung der Associationscentren; die Wortklänge werden nur partiell bezw. ungeordnet erinnert, und der Kranke giebt sie deshalb entstellt wieder. Diese Form leitet unmittelbar über zur motorischen Ataxie corticalen Ursprungs, wobei die Bewegungsvorstellungen in verstümmelter Form auftauchen. — Durch Erkrankung einer Hörsphäre (der rechten wie der linken?) leidet auch die Fähigkeit Melodien, verschiedenartige Rythmen wie Walzer und Gallopp u. dergl. m. zu unterscheiden.

³⁹ Im Sinne Herbart's.

⁴⁰ Gedächtniss besitzen auch Thiere, deren Grosshirnrinde sich überwiegend aus Sinnessphären zusammensetzt; es ist aber auch unendlich viel geringer (die Sprache hat dafür treffende Ausdrücke, wie „Katzengedächtniss" etc.). Das Gedächtniss der Sinnessphären bedarf zweifellos noch eingehender Untersuchungen; zu berücksichtigen ist hierbei, dass streckenweise Sinnessphären und Associationscentren sich in einander schieben.

⁴¹ Jedenfalls treten die Projectionsfasern an Menge völlig zurück hinter andersartigen Bestandtheilen.

⁴² Ich hebe dies besonders Herrn v. Kölliker gegenüber hervor, welcher die Bezeichnung der „Associationscentren" als „geistige Centren" bemängelt (S. 809 Bd. II. Gewebelehre, 6. Aufl.), weil man „wesentliche Unterschiede zwischen den Pyramidenzellen verschiedener Hirnabschnitte nicht annehmen" könne. Dieser Einwand würde nur berechtigt sein, wenn ich meine Ansichten ausschliesslich auf den mikroskopischen Bau, die Anordnung und die Form der Ganglienzellen in den verschiedenen Rindenbezirken gründete. Dies trifft indess durchaus nicht zu. Ich würde es für ein völlig verfehltes Beginnen halten, die

Psychologie auf die eigentliche Histologie des Gehirns basiren zu
wollen; RAMON Y CAJAL's bekannter Versuch zeigt ja hinreichend,
zu welch' eigenartigen Resultaten solch' eine Histo-Psychologie
führt. Die klinische Beobachtung ist absolut unentbehrlich. Im
Uebrigen bestehen zwischen meinen und v. KÖLLIKER's Grund-
anschauungen nur unwesentliche Differenzen. So betont v. KÖLLIKER
(a. a. O. S. 810 gesperrt gedruckt), dass die Nervenzellen, mögen
sie diese oder jene Form zeigen, wohl alle wesentlich dieselbe
Function darbieten und dass die verschiedenen Leistungen
derselben davon abhängen, dass die Beziehungen derselben zu ihrer Umgebung verschieden sind — bezw.
(später) davon, dass sie von mannigfachen äusseren Einwir-
kungen getroffen werden. Diese besonderen Beziehungen nachzuweisen ist ja von Anfang an mein Bestreben gewesen, und ich citire
zum Beleg hierfür aus meinen vor fast 20 Jahren erschienenen
„Systemerkrankungen im Rückenmark" (Gesammtausgabe Leipzig,
Wigand 1878 Seite 4, Archiv der Heilkunde Bd. XVIII. S. 104)
folgendes:

„Die Befähigung zu diesen mannigfaltigen Leistungen erlangen die Centralorgane nicht durch die Begabung der an verschiedenen Orten vorhandenen nervösen Elementartheile mit
qualitativ verschiedenen elementaren Fähigkeiten, sondern vornehmlich durch die mannigfaltige Gruppirung, durch die vielfach
wechselnde Verbindung unter einander und mit den Endorganen
der Peripherie. Es erhellt schon daraus, wie wichtig es ist,
die Art der Einfügung für das einzelne Element festzustellen
— das Endziel aller anatomischen Erforschung der Centralorgane."

Dies genügt wohl, um zu beweisen, dass ich vor fast
20 Jahren dieselbe Ueberzeugung ausgesprochen habe, wie
v. KÖLLIKER in der neuesten Auflage seiner Gewebelehre. Meine
ganzen anatomischen Untersuchungen seit jener Zeit sind darauf
gerichtet gewesen, die „Art der Einfügung" der einzelnen nervö-

sen Elemente festzustellen — und nur so bin ich zu meiner
Eintheilung der Grosshirnrinde in Sinnes- und Associationscentren
gelangt, aber nicht ohne gebührende Berücksichtigung klinischer
Erfahrungen.

v. Kölliker stellt aber a. a. O. S. 809 auch in Abrede,
dass die Sinnescentren unter einander wesentliche Structur-
differenzen zeigen. „Was von Unterschieden nachgewiesen ist,
bezieht sich auf die Grösse, Zahl und Vertheilung der Pyramidenzellen, auf die Menge und Verbreitung der markhaltigen und
marklosen Fasern und ist physiologisch mit Rücksicht auf die
Hauptvorgänge des psychischen Lebens ohne grössere
Bedeutung".

Bei aller Hochachtung vor dem verdienten Nestor der
deutschen Histologen möchte ich mir doch die Frage erlauben,
ob irgend Jemand angeben kann, welche mikroskopischen Details
der Grosshirnrinde mit Rücksicht auf die „Hauptvorgänge des
psychischen Lebens von grösserer Bedeutung sind." Hier über-
schreitet v. Kölliker wohl zweifellos die Competenzen des
Morphologen und begiebt sich auf Gebiete, welche ihrer ganzen
Natur nach in Lehrbüchern der Histologie so nebenher eine
irgendwie befriedigende Behandlung nicht finden können; dazu
ist denn doch das psychische Problem etwas zu subtil. Was
würden wir vom Mechanismus der Sprache, z. B. der Alexie,
apperceptiven Worttaubheit u. dergl. wissen, wenn wir uns auf
histologische Befunde stützen wollten! Was sind denn „Hauptvorgänge des psychischen Lebens"? Was sind Nebenvorgänge?
Thatsächlich widerspricht sich v. Kölliker a. a. O. aber auch
selbst, indem er zum Beleg dafür, dass die Anatomie keine
besondere Structur der Sinnescentren kennt, auf seinen § 182
verweist. Hier hebt er zunächst hervor, dass sich Verschieden-
heiten „jedenfalls" finden zwischen dem Rhinencephalon und
dem Pallium — das Rhinencephalon ist ja gerade eine Sinnessphäre. Aber auch vom Pallium bemerkt v. Kölliker, dass hier

gewisse Abweichungen „bedeutenderer" Art vorkommen;
aber „sie sind physiologisch ohne grössere Bedeutung"!

v. Kölliker stützt sich bei seiner Darstellung der Grosshirnrinde hauptsächlich auf die nachgelassene Arbeit Hammarberg's und offenbar weniger ausgedehnte eigene Untersuchungen.
Beide sind aber keineswegs vollständig genug, um einen Ueberblick über alle hier in Betracht kommenden Regionen zu gewähren. Hammarberg hat wie v. Kölliker, ohne irgend einem
rationellen Princip zu folgen, insbesondere ohne Rücksicht auf die
entwickelungsgeschichtliche Differenzirung zu nehmen, beliebige
Stücke der Rinde herausgegriffen, und es ist so ganz erklärlich,
dass er die Sinnessphären nur zum kleineren Theil untersucht
hat. Die verborgenen Querwindungen des Schläfenlappens (Hörsphäre), das mittlere Drittel des Gyrus fornicatus (der an Projectionsfasern reichste Theil der medialen Körperfühlsphäre), die
Rinde der Fissura calcarina also die Centralgebiete der wichtig-
sten Sinnescentren sind bei Hammarberg gar nicht abgebildet;
ja derselbe scheint die erstgenannten Stücke überhaupt nicht
untersucht zu haben, da er die Querwindungen nirgends erwähnt
und auch die Riesenspindeln gar nicht würdigt, nächst den
Riesenpyramiden die auffälligste Zellenform der Grosshirnrinde
— und dasselbe gilt von v. Kölliker's Darstellung. Dass die
Sehsphäre einen besonderen Bau zeigt, indem hier „äusserst kleine
Zellen eine grosse mächtige Schicht bilden", hebt Hammarberg
besonders hervor, und es entspricht dies der Meinung wohl aller
Forscher, welche seit Meynert die wirkliche Sehsphäre untersucht haben, worunter ich nur als besonders beachtenswerth den
auch von Kölliker mit Achtung genannten Betz hervorhebe,
zumal derselbe von Seiten Golgi's eine keineswegs gerechte Be-
urtheilung gefunden hat.

Wie v. Kölliker dazu kommt, allen diesen Autoren gegenüber einen „Unterschied" von physiologischer Bedeutung zu
leugnen, ist mir unverständlich. Jeder einigermaassen geübte

Beobachter wird einen Schnitt aus der Rinde der Fissura calcarina
(Sehsphäre) sofort als solchen erkennen, er wird ihn von einem
Schnitt z. B. aus dem Fuss der ersten Stirnwindung (Körperfühlsphäre) nicht minder sicher unterscheiden, wie etwa Leber- und
Nierengewebe; man vergleiche nur bei HAMMARBERG Fig. 1 Taf. l
und Fig. 4 Taf. II (Fuss der ersten Stirnwindung und Sehsphäre),
und frage sich ob hier nicht ganz eminente „Unterschiede" im
Bau wahrzunehmen sind. v. KÖLLIKER ist meinen Befunden nach
keineswegs im Recht, wenn er HAMMARBERG zu rectificiren sucht
(a. a. O. S. 682) indem er betont, dass in der Sehsphäre nicht
spärlich (wie H. angiebt) sondern reichlich (das ist doch wohl
der Gegensatz zu „spärlich") grosse Pyramidenzellen vorkommen.
Dieselben sind thatsächlich in der eigentlichen Sehsphäre d. h.
im Bereich des VICQ D'AZYR'schen Streifens auf manchen
Strecken nur vereinzelt („solitär") zu finden, und unterscheiden
sich überdies von den grossen Pyramiden der Körperfühlsphäre
zum Theil wenigstens durch die Verzweigungsweise ihres Axen-
cylinderfortsatzes (vergl. meine Mittheilung in den Berichten der
Königl. Sächs. Gesellsch. der Wissensch. Math.-phys. Classe,
5. Aug. 1889. Ueber eine neue Färbungsmethode etc.) v. KÖLLIKER
stützt sich offenbar zum Theil auf GOLGI's Autorität, welch'
letzterer (Untersuchungen über den feineren Bau des peripheren
und centralen Nervensystems, übers. von TEUSCHER S. 186 f.) den
Nachweis zu erbringen trachtet, dass selbst Rindenstellen von
„angeblich" so entgegengesetzter Function wie die vordere Centralwindung („motorische Zone") und obere Occipitalwindung
(„Gesichtscentrum") durchaus den gleichen Bau zeigen.
GOLGI ist indess hierbei insofern nicht recht vom Glück begün-
stigt worden, als er den Bau des „Gesichtscentrums" an
einer Rindenstelle prüft, welche thatsächlich gar
nicht zur Sehsphäre gehört. Er hat einen Punkt neben
letzterer untersucht — was doch jedem Sachkenner auf den ersten
Blick klar werden muss, wenn er die Abbildung dieses ver-

meintlichen „Gesichtscentrums" bei Golgi betrachtet. Der von ihm
dargestellte Typus findet sich auch entsprechend der vorderen Umgebung der Sehsphäre: er ähnelt thatsächlich in mancher Beziehung
der vordern Centralwindung, was von Interesse ist im Hinblick
auf die Frage, ob am Rand oder neben der Sehsphäre ein besonderes optisch-motorisches Rindenfeld existirt. Bei der
Frage nach einer besonderen Structur der Sehsphäre selbst
kommen aber Golgi's Untersuchungen gar nicht in Betracht.
Golgi überschätzt zu alledem auch noch erheblich die Verwerthbarkeit der Sublimatimprägnation für das Studium der Rinden-
schichtung; seine Zeichnungen sind halbschematisch; die grosse
Mehrzahl der Rindenzellen ist überhaupt nicht dargestellt. So
ist es auch nicht zu verwundern, dass Golgi die Riesenpyramiden
im Gebiet der Centralwindungen für keineswegs charakteristisch
hält — Anilinpräparate lehren überzeugend das Gegentheil.
Da die Frage nach einem besonderen Bau der Sinnessphären
(welcher wie ich bereits früher hervorgehoben, besonders an den
Sphären der chemischen Sinne hervortritt) von fundamentaler
Bedeutung ist, insbesondere auch mit Rücksicht auf die Lehre
von der specifischen Energie der Sinnesnerven, würde eine neue
wirklich eingehende Prüfung, mit besonderer Berücksichtigung
der von mir angegebenen Grenzen von grossem Werthe
sein. (Vergl. Anm. 15). Ich bezweifle nicht, dass sich alle
Variationen des Rindenbaues aus einem gemeinsamen Grund-
typus ableiten lassen; ich habe auch selbst hervorgehoben, dass
sich gewisse Zellenschichten über die ganze Hirnrinde, in
Associations- wie Sinnescentren nachweisen lassen. Aber um so
beachtenswerther erscheinen die lokalen Besonderheiten an allen
den Orten, wo nachweislich Sinnesleitungen eintreten.

[43] Aus einer von Herrn cand. med. H. Mädler hergestellten
vollständigen Schnittreihe aus dem Gehirn eines erwachsenen
Chimpanse ersehe ich, dass das Stirnhirn der Anthropoiden in
Bezug auf den Gehalt an markhaltigen Fasern (Associations-

systeme) weit mehr hinter dem menschlichen Gehirn zurücksteht, als es die äussere Besichtigung erkennen lässt. Das hintere grosse Associationscentrum ist relativ weit besser entwickelt als das frontale.

Die Bedeutung des präfrontalen Gebietes für die höhere Intelligenz ist u. A. von HITZIG eingehender gewürdigt worden, welcher zuerst darauf hinwies, dass diese Rindentheile nach den Ergebnissen des Thier-Experimentes weder sensible noch motorische Functionen vermitteln. HITZIG ist aber wie alle Anderen nicht zu einer klaren positiven Anschauung über die elementare Natur dieser höheren psychischen Vorgänge („Vorstellungen höherer Ordnung", HITZIG) hindurchgedrungen. FERRIER, welcher bereits vorher psychische Defecte nach Exstirpation jener Gegend wahrgenommen hatte, charakterisirt dieselben als „Verlust psychischer Concentration". WUNDT bringt das präfrontale Gebiet mit seiner „activen Apperception" in Verbindung, eine Anschauung, welche mir höchst beachtenswerth erscheint, sofern man hierunter nicht etwas Einfaches, sondern einen Complex elementarer Funktionen versteht.

⁴⁴ Stumpfsinn findet sich gelegentlich bei allen grösseren Defecten der Grosshirnlappen, auch der hinteren Gegend. Immerhin scheint mir die „frontale Interesselosigkeit" ein besonderes Gepräge zu haben. Bei Dementia paralytica ist von den makroskopischen Befunden die Atrophie der präfrontalen Region der regelmässigste. Daneben finden sich aber besonders häufig auch Defecte in den Centralwindungen und im oberen Scheitelläppchen — ganz abgesehen von anderen Regionen. Die letzteren Defecte sind insofern von besonderem Interesse, als sie Rindentheile betreffen, welche ebenso wie die präfrontale Gegend mit dem mittleren Theil des Körperfühlsphäre in reichster associativer Verbindung stehen (vergl. Tafel Fig. 2, Körperfühls.). In den meisten Fällen von Stirnhirnerkrankung geht dem Stadium des apathischen Blödsinns eine Periode voraus, welche durch un-

sinniges Projectemachen, hochgradige Selbstüberschätzung u. a. m.
— also gerade die gegentheiligen Erscheinungen charakterisirt ist.

[45] Vergl. besonders LEYDEN und JASTROWITZ „Beiträge zur
Localisation im Grosshirn" etc. worin vortreffliche Beobachtungen niedergelegt sind. J. weist hier darauf hin, dass bei
particellen Stirnhirn-Erkrankungen durch Neubildungen, welche
einen Reiz auszuüben geeignet sind, ein eigenthümliches Bild
entsteht, welches die Psychiatrie als Moria, Narrheit bezeichnet,
wie läppisches Gebahren mit Neigung zu allerhand Streichen,
Witzeleien, eventuell auch rücksichtslosem Sichgehenlassen mit
vorherrschend heiterem, bald auch mürrischem Wesen.

[46] Vergl. u. A. KAES Arch. f. Psych. Bd. XXV S. 157 f.
Beim erwachsenen Chimpanse zeigt die Körperperfühlsphäre, insbesondere im Bereich der Centralwindungen einen weisslichen
Ueberzug, ähnlich dem Gyrus uncinatus des Menschen. Keine
andere Stelle kommt dem gleich.

[47] Die Randzonen gehören schon zu den „Associationscentren"; sie scheinen mir für die „Gedächtnissspuren", die musikalische und malerische Beanlagung etc. besonders wichtig zu sein.

[48] Man könnte daran denken, dass es „psycho-motorischen"
Funktionen dient, indem es Erregungen vom hinteren grossen
Associations-Centrum auf die Ursprünge der motorischen Bahnen
der Körperfühlsphäre überträgt. Es zerfällt aber entwickelungsgeschichtlich deutlich in zwei Abtheilungen, deren eine (dick-
fasrige) von den Centralwindungen gegen das $h.\,g.\,A\,C$ hin vor-
dringt, somit wohl auch in dieser Richtung leitet, während die
andere (feinfasrige) sich in umgekehrter Richtung entwickelt.
Dieses System ist von WERNICKE zum Theil als senkrechtes
Occipital-Bündel beschrieben worden; es hat aber weit mehr Beziehungen zum Schläfenlappen (vergl. Fig. 3 $P\,m$, wo es auf dem
Querschnitt durch feine Punkte markirt ist). Die nähere Erforschung dieses Bündels hat auch insofern für die Pathologie
grosses Interesse, als dasselbe offenbar zahlreiche hemmende und

reizende Fernewirkungen bei Herden innerhalb der Centralwindungen vermittelt. So kann ein Herd in der Mitte der letzteren transitorisch sensorisch-amnestische Aphasie, optische Aphasie etc. (höchst wahrscheinlich auch „epileptische Aequivalente“)
hervorrufen, was leicht erklärlich wird, wenn man die Beziehungen des in Rede stehenden langen Associationssystems zu
dem Grenzgebiet von Schläfen- und Hinterhauptslappen in Betracht zieht. Ich bezweifle nicht, dass wir mit einer fort-
schreitenden Erkenntnis des Hirnbaus auch ganz im allgemeinen
sichere Kriterien dafür gewinnen werden, wo Fernwirkungen,
wo directe Herdsymptome vorliegen (vergl. Tafel Fig. 1).

[49] Die in Rede stehenden Verhältnisse liefern wie mir
scheint auch den Schlüssel zu einer rationellen Erklärung der
hypnotischen Erscheinungen.

[50] Man sollte meines Erachtens auch nur von einer Centralisation, nicht von einer Einheit des Bewusstseins sprechen.

[51] Die Körperfühlsphären werden auch zuerst durch intra-
und intercorticale Associationssysteme zu einem einheitlichen
Organ zusammengefasst. Der Balken entwickelt sich zunächst
zwischen den Centralwindungen.

Tafel-Erklärung.

B oberer Kleinhirnstiel		
(rother Kern)		
l Hauptschleife	Haube des	
r formatio reticularis		Grosshirnschenkels.
c II centrale Haubenbahn		
P Pyramidenbahn		
5 temporale ⎱ Grosshirnrinden-	Fuss	
6 frontale ⎰ Brückenbahn	des	
g corpus geniculatum internum.		

Die in Hirnwindungen eingezeichneten Striche stellen ausnahmslos Associationssysteme dar.

Flech

Asso

Sehsphär

P
Associa

Sehsphäre

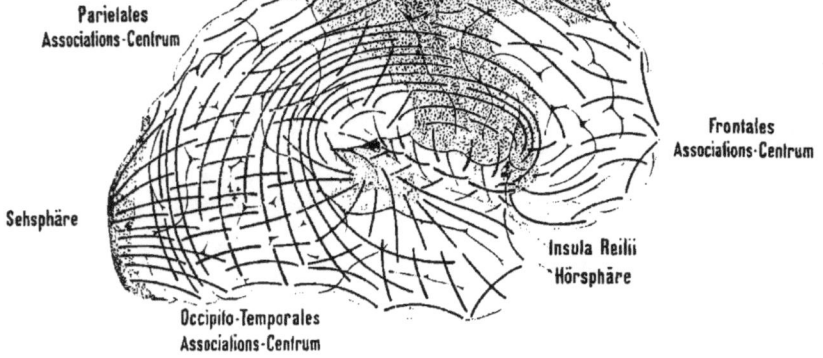

Fig. 1.

Körperfühlsphäre

Parielales
Associations-Centrum

Frontales
Associations-Centrum

Sehsphäre

Insula Reilii
Hörsphäre

Occipito-Temporales
Associations-Centrum

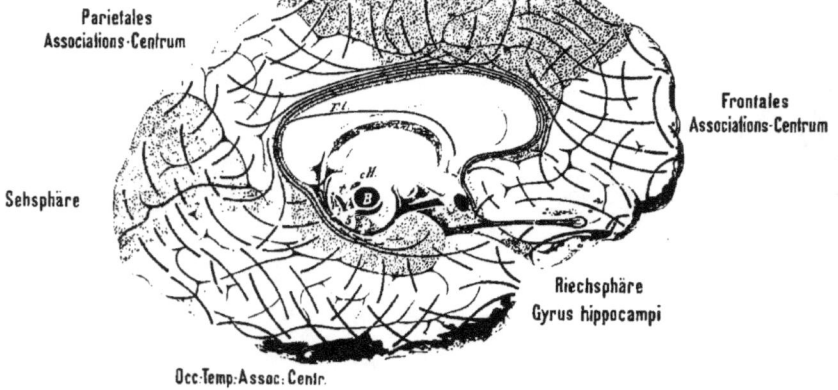

Fig. 2.

Körperfühlsphäre

Parietales
Associations-Centrum

Frontales
Associations-Centrum

Sehsphäre

Riechsphäre
Gyrus hippocampi

Occ-Temp-Assoc: Centr.

www.ingramcontent.com/pod-product-compliance
Lightning Source LLC
Chambersburg PA
CBHW021952190326
41519CB00009B/1226